国家自然科学基金面上项目（项目批准号：**41976174**）、中国空间技术研究院遥感卫星总体部自主研发项目"**SAR**卫星洋流测量误差分析"资助

# 顺轨干涉合成孔径雷达海表面流测量原理、方法与信号仿真

袁新哲　王小青　赵良波　韩　冰　等　著

海洋出版社

2022·北京

**图书在版编目(CIP)数据**

顺轨干涉合成孔径雷达海表面流测量原理、方法与信号仿真/袁新哲等著. —北京:海洋出版社,2022.10
ISBN 978 - 7 - 5210 - 1027 - 5

Ⅰ.①顺… Ⅱ.①袁… Ⅲ.①合成孔径雷达 – 干涉测量法 – 应用 – 海水 – 流速 – 测量 – 研究 Ⅳ.①P237 ②P332.4

中国版本图书馆 CIP 数据核字(2022)第 195834 号

责任编辑:王 溪
责任印制:安 淼

**海洋出版社** 出版发行

http://www.oceanpress.com.cn

北京市海淀区大慧寺路 8 号 邮编:100081
北京顶佳世纪印刷有限公司印刷 新华书店北京发行所经销
2022 年 10 月第 1 版 2022 年 10 月北京第 1 次印刷
开本:787mm×1092mm 1/16 印张:8.5
字数:200 千字 定价:90.00 元
发行部:010 – 62100090 邮购部:010 – 62100072 总编室:010 – 62100034
海洋版图书印、装错误可随时退换

# 《顺轨干涉合成孔径雷达海表面流测量原理、方法与信号仿真》作者名单

袁新哲　王小青　赵良波　韩　冰

王文煜　鲁远耀　于祥祯　孔维亚

  海流又称洋流，是海水因热辐射、蒸发、降水、冷缩等而形成密度不同的水团，再加上风应力、地转偏向力、引潮力等作用而产生的大规模相对稳定的流动，它是海水的普遍运动形式之一。随着国内外海洋卫星 40 多年的发展，对于物理海洋学最重要的"风、浪、温、盐、流"要素，目前已经发射的和规划中的海洋卫星已经能够对"风、浪、温、盐"以及大尺度海流进行监测，但是目前尚缺乏有效的海流监测手段。

  星载合成孔径雷达（Synthetic Aperture Radar，SAR）是 20 世纪 70 年代发展的高分辨率成像雷达，在海洋风、浪、内波等海洋动力环境要素，海面船舶、溢油、海冰等海上目标观测中发挥了重要的作用，是当今海洋高分辨、小尺度观测的重要手段之一。顺轨干涉 SAR 是一种综合了 SAR 成像与干涉测量原理的多通道体制雷达，通过在平台方向上放置两个天线对同一场景进行成像，根据目标运动造成的相位差可以获取海表面流场的变化。其中，美国的航天飞机 SRTM，德国的 TanDEM 和中国的"高分三号"卫星都采用顺轨干涉 SAR 进行了海表流场观测试验。

  本书作者袁新哲副研究员、王小青教授、赵良波高工和韩冰研究员等在国家自然科学基金、民用航天预先研究、中国空间技术研究院自主研发项目等支持下开始了顺轨干涉 SAR 海流研究，力求为未来星载顺轨 SAR 海流观测系统提供支撑。

  本书分为 5 章：第 1 章概述顺轨干涉 SAR 海洋观测的发展历史，并分析发展趋势；第 2 章介绍干涉 SAR 海洋流场观测的基本原理，重点介绍干涉 SAR 测速原理；第 3 章详细介绍干涉 SAR 海洋流场信号仿真方法，包括海面电磁散射仿真、海面 NRCS 仿真以及海面散射去相干仿真；第 4 章介绍干涉 SAR 海洋流场观测系统的设计方法，并分析 SAR 系统参数对流场测量精度的影响，给出系统参数优化方案；第 5 章详细分析顺轨干涉 SAR 多普勒速度组成成分，给出了干涉 SAR 海洋流场反演方法和示例，并详细分析反演的精度。博士生王宽为本书的撰写付出了辛勤的汗水，这里一并向他们表示衷心的感谢。

  本书可以作为 SAR 海洋遥感领域科研人员和研究生学习参考书籍。

作 者<br>2022 年 6 月

# 第1章 干涉 SAR 海洋观测的 研究现状与展望

海洋占据了地球超过 70% 的表面积, 约为全球陆地总面积的 2.5 倍, 对维持当前的气候, 调节地球的热量平衡, 控制地球上的水循环和碳循环起着重要作用。海洋是生命的源泉和资源的宝库, 蕴含着丰富的海水资源、油气资源、生物资源和矿物资源等。随着全球人口增多、资源消耗加剧, 海洋在人类未来的生存和发展中扮演着越来越重要的角色。

传统的海洋流场的获取方式可以通过测量仪器对海洋进行观测, 包括漂流浮标、声学多普勒流速剖面仪 (Acoustic Doppler Current Profiler, ADCP) 和电磁式海流计等[1]。这些手段获得的空间采样点稀少, 只能得到特定观测区域的有限点数据, 很难建立准确可靠的海洋流场监测及预测体系。此外, ADCP 以及海流计是布放在距海面一定深度的海水中, 所以监测到的流速变化可能同海洋表层流场存在较大的差异。

合成孔径雷达 (Synthetic Aperture Radar, SAR) 在海洋观测中具有观测范围大、观测距离远、观测时间连续性强、不受天气等外在因素影响的优点[2]。1978 年, 美国发射的海洋卫星 SEASAT 首次利用星载 SAR 对海浪进行观测[3]。尽管只运行了大约 100 天, 但它清晰地向人们展示了利用 SAR 对海浪进行观测的可能性与优越性, 揭示了 SAR 在海洋遥感领域的巨大应用潜力。SEASAT 促进了一系列 SAR 海面成像理论的诞生与发展, 这为 SAR 海洋应用技术的建立奠定了坚实的基础。

顺轨干涉 SAR (Along-Track Interferometric SAR, ATI – SAR) 是 1987 年由美国 Goldstein 和 Zebker 首先提出来的一种技术[4]。它通过在沿平台运动方向上放置的两个天线对同一场景成像, 利用两幅图像间的相位差直接获得场景内流场的速度信息。利用顺轨干涉 SAR 数据进行海表流场的监测, 可提高海面流场的监测能力, 全面掌握沿海、近海和远海海域的海流与污染的状况和变化趋势, 为各级政府的海洋管理、海域应用、海洋开发、生态保护和海洋环境监督管理的宏观决策提供科学依据。本书正是针对顺轨干涉 SAR 海洋观测相关研究内容撰写的。本章将梳理国内外 SAR 海洋观测的发展历史, 并对发展趋势进行展望。

## 1.1 SAR 海洋发展历史

SAR 是一组有源雷达系统, 主动向目标发射电磁波, 利用接收到的目标回波信号经处理后进行成像, 具有全天时、全天候、高分辨力的工作能力, 还有多频段、多极化、多视向和多俯角等优点, 在雷达发展史上占有举足轻重的地位, 至今依旧具有重大的发展意义和广阔的发展前景。SAR 的思想首先是在 1951 年 6 月由美国 Goodyear 航空公司的 Carl Wiley 在《用相干移动雷达信号频率分析来获得高的角分辨率》报告中提出的，报告中提出了"多普勒波束锐化"的思想，通过频率分析可以改善雷达的角分辨率[2]。同年，美国伊利诺伊（Illinois）大学控制系统实验室的一个研究小组采用非相干雷达，经过孔径综合后证实了"多普勒波束锐化"的概念，从而在理论上证明了 SAR 原理，并于 1953 年 7 月成功地研制了第一部 X 波段相干雷达系统，首次获得了第一批非聚焦 SAR 图像数据，标志着 SAR 研究从理论走向实践。1953 年夏，在美国密歇根（Michigan）大学举办的研讨会上，许多学者提出了将雷达的真实天线合成为大尺寸的线性天线阵列的概念，进而推导出 SAR 的聚焦和非聚焦工作模式；并在 1957 年 8 月成功研制出第一个聚焦式光学处理机载合成孔径雷达系统，获得了第一幅全聚焦 SAR 图像，从此 SAR 技术进入实用性阶段[5]。

20 世纪 60 年代中期，借助于模拟电子处理器的非实时成像处理，SAR 光学处理技术得到进一步完善，同时开展了多频段多极化 SAR 应用技术的研究；60 年代末期，密歇根环境研究院成功地研制出第一个民用双频双极化机载 SAR 系统，主要用于北极海洋成像，同时，使用数字电子处理器进行非实时成像处理。

20 世纪 70 年代，随着电子技术，尤其是超大规模集成电路技术的飞速发展，SAR 的数字成像处理成为必然趋势。70 年代初期，首先使用了高速数字信号处理器进行实时成像处理；70 年代后期，已开始将 SAR 安装在卫星上对地球进行大面积成像。1978 年 6 月，美国国家航空航天局（National Aeronautics and Space Administration，NASA）成功发射了海洋 1 号卫星（SEASAT–A），在卫星上首次装载了 SAR，标志着 SAR 已成功地进入空间领域，开创了星载 SAR 应用技术研究的历史。

20 世纪 80 年代，美国又成功地研制了一系列多频、多极化、多入射角机载和星载 SAR，其他一些国家也先后开展了 SAR 技术的研究。苏联也于 1991 年 3 月发射成功载有 S 频段 SAR 的 ALMAZ 卫星；欧洲航天局（以下简称"欧空局"）于 1991 年 7 月发射了 C 波段垂直极化的 ERS–1 星载 SAR 和机载多频段偏振测定 SAR 系统；日本于 1992 年 2 月发射了 L 波段水平极化的 JERS–1 星载 SAR；加拿大于 1995 年初发射了 RADARSAT 星载 SAR 等。

到 21 世纪，一些国家或国家集团包括中国、俄罗斯、日本、加拿大、印度、欧盟和美国的研究机构都有进一步部署发射 SAR 遥感器的计划。在最近十几年里，通过不断优化机载和星载的 SAR 系统可获得质量更高的 SAR 图像。

表 1.1 总结了主要的 SAR 卫星及其相关参数。

**表 1.1　主要 SAR 卫星及其参数**

| 卫星 | 国家 | 年份 | 波段和波长（cm） | 入射角（°） | 极化 | 斜距分辨率（m） | 方位分辨率（m） |
|---|---|---|---|---|---|---|---|
| SEASAT | 美国 | 1978 | L 波段（23.5） | 23 | HH | 25 | 25（多视数 4） |
| ERS–1/2 | 欧洲（欧空局） | 1991/1995 | C 波段（5.7） | 23 | VV | 25 | 25 |
| ALMAZ | 苏联 | 1991 | S 波段（10） | 30～60 | HH | 15 | 30 |

| 卫星 | 国家 | 年份 | 波段和波长（cm） | 入射角（°） | 极化 | 斜距分辨率（m） | 方位分辨率（m） |
|---|---|---|---|---|---|---|---|
| JERS-1 | 日本 | 1992 | L 波段（23.5） | 39 | HH | 18 | 18 |
| Radarsat-1 | 加拿大 | 1995 | C 波段（5.7） | 20~50 | HH | 25（标准模式） | 28（标准模式） |
| | | | | | | 35（宽幅模式） | 28（宽幅模式） |
| | | | | | | 9（精细模式） | 9（精细模式） |
| | | | | | | 50（扫描模式） | 50（扫描模式） |
| ENVISAT | 欧洲（欧空局） | 2002 | C 波段（5.7） | 15~45 | HH, HV, VH, VV | 30（成像和交替极化模式） | 30（成像和交替极化模式） |
| | | | | | | 150（宽幅模式） | 150（宽幅模式） |
| | | | | | | 1000（全球观测模式） | 1000（全球观测模式） |
| Terra SAR-X | 德国 | 2007 | X 波段（3.1） | 20~55 | HH, HV, VH, VV | 1.5~3.5（高分辨聚束模式） | 1（高分辨聚束模式） |
| | | | | | | 1.5~3.5（聚束模式） | 2（聚束模式） |
| | | | | | | 1.7~3.5（条带模式） | 3（条带模式） |
| | | | | | | 1.7~3.5（扫描模式） | 16（扫描模式） |
| Radarsat-2 | 加拿大 | 2007 | C 波段（5.7） | 20~49 | HH, HV, VH, VV | 25（标准模式） | 28（标准模式） |
| | | | | | | 25（宽模式） | 28（宽模式） |
| | | | | | | 10（精细模式） | 9（精细模式） |
| | | | | | | 50（扫描模式） | 50（扫描模式） |
| 高分三号 | 中国 | 2016 | C 波段（5.6） | 10~60 | HH, HV, VH, VV | 1（聚束模式） | 1（聚束模式） |
| | | | | | | 3（超精细条带模式） | 3（超精细条带模式） |
| | | | | | | 5（精细条带模式1） | 5（精细条带模式1） |
| | | | | | | 10（精细条带模式2） | 10（精细条带模式2） |
| | | | | | | 25（标准条带模式） | 25（标准条带模式） |
| | | | | | | 8（全极化条带模式1） | 8（全极化条带模式1） |
| | | | | | | 25（全极化条带模式2） | 25（全极化条带模式2） |

| 卫星 | 国家 | 年份 | 波段和波长（cm） | 入射角（°） | 极化 | 斜距分辨率（m） | 方位分辨率（m） |
|---|---|---|---|---|---|---|---|
| 高分三号 | 中国 | 2016 | C 波段（5.6） | 10~60 | HH, HV, VH, VV | 50（窄幅扫描模式） | 50（窄幅扫描模式） |
| | | | | | | 100（宽幅扫描模式） | 100（宽幅扫描模式） |
| | | | | | | 500（全球观测模式） | 500（全球观测模式） |
| | | | | | | 10（波模式） | 10（波模式） |
| | | | | | | 25（扩展入射角模式） | 25（扩展入射角模式） |

海洋中蕴含着丰富的海水资源、油气资源、生物资源、矿物资源等。随着全球人口增多、资源消耗加剧，海洋在人类未来的生存和发展中将扮演越来越重要的角色。SAR在海洋观测中具有观测范围大、观测距离远、观测时间连续性强、不受天气等外在因素影响的优点，在海洋观测领域发挥越来越重要的作用。1978 年，美国发射的海洋卫星 SEASAT 首次利用星载 SAR 对海浪进行观测。尽管只运行了大约 100 天，但它清晰地向人们展示了利用 SAR 对海浪进行观测的可能性与优越性，揭示了 SAR 在海洋遥感领域的巨大应用潜力。SEASAT 促进了一系列 SAR 海面成像理论的诞生与发展，这为 SAR 海洋应用技术的建立奠定了坚实的基础。此后，各国相继研究并开发了大量机载 SAR 和星载 SAR 用于海洋探测研究。

通过星载和机载 SAR，人们获取了具有丰富海洋信息的 SAR 图像，证明了 SAR 在海洋遥感领域中具有重要的应用价值。如今，随着 SAR 系统的发展，SAR 海洋遥感已成为遥感领域的研究热点。图 1.1 给出了 SAR 图像上的几种典型海洋现象，包括海浪、舰船及其尾迹、油膜、涡旋、内波及水下地形等。利用 SAR 海浪图像，可以进行海面有效波高估计、海浪谱反演以及海面风场反演等研究；利用 SAR 舰船图像可以对海面舰船进行监测；利用 SAR 油膜图像可以监测海面溢油；利用 SAR 内波图像可以研究内波物理特性，如估计内波波长、振幅等；利用 SAR 涡旋图像可以提取涡旋信息，如涡旋直径、涡旋边缘线等；利用 SAR 水下地形图像可以反演水下地形，从而为水下施工等提供一定的参考。

目前，科学家对 SAR 海洋成像的基础理论（包括海面相干时间理论、SAR 海浪成像机理、SAR 海浪聚焦成像等）开展了广泛研究。同时，科学家利用机载 SAR 系统进行了一系列海洋探测实验，如 1975 年的 Marineland Experiment 实验、1979 年的海洋遥感实验（Maritime Remote Sensing Experiment，MARSEN）、1986 年的塔基波浪雷达观测实验（Tower Ocean Wave and Radar Dependence Experiment，TOWARD）、1987 年的拉布拉多极端海浪实验（Labrador Extreme Waves Experiment，LEWEX）、1988 年的 SAR 和切萨皮克灯塔 X 波段波浪非线性实验（SAR and X Band Ocean Nonlinearities：Chesapeake

Light Tower，SAXON：CLT）等。利用在这些实验中获取的数据，科学家对 SAR 海洋成像的基础理论进行了深入研究，极大地推动了 SAR 海洋遥感的发展。

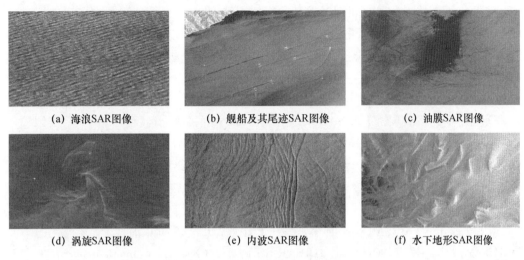

(a) 海浪SAR图像　　　　(b) 舰船及其尾迹SAR图像　　　　(c) 油膜SAR图像

(d) 涡旋SAR图像　　　　(e) 内波SAR图像　　　　(f) 水下地形SAR图像

图 1.1　SAR 观测到的海洋信息

与陆地不同的是，海面散射单元处于时时刻刻的运动之中。海面散射单元的运动会导致 SAR 海洋图像出现严重模糊，从而给基于 SAR 海洋图像的应用造成较大影响[6]。由海面散射单元运动导致的 SAR 海洋图像模糊主要包括由方位向有效分辨率下降导致的图像模糊、由合成孔径时间内散射单元位置变化导致的图像模糊和由于目标散焦导致的图像模糊，这对 SAR 海洋应用造成了不小的困难。本书将在之后的几章内容中，针对 SAR 在海洋上的特殊性，具体介绍海面雷达散射机理和动态海面 SAR 成像机理以及干涉 SAR 海洋流场观测机理，并在此基础上，介绍干涉 SAR 海洋流场反演方法，以及干涉 SAR 海洋流场信号仿真方法。

## 1.2　顺轨干涉 SAR 发展历史

海洋表层流场可以通过记录浮标漂移轨迹的方法获得，也可以采用海流观测仪器如声学多普勒流速剖面仪（ADCP）等进行测量，或通过其他水文资料等间接方法进行海流的估算。但这些方法所获得的流场空间分辨率低，而且限于海上环境条件，仪器维护成本高。

干涉 SAR 技术可获取两幅或多幅 SAR 复图像，复图像中每个分辨单元具有幅度和相位两方面信息，利用 SAR 复图像分辨单元间的相位差，即干涉相位能够获取分辨单元上的速度或高度信息。顺轨干涉 SAR 提出之时便是以海洋流场探测为主要目的，其沿飞行方向上的前后两个天线可以先后对海面同一分辨单元进行观测，当该分辨单元存在沿雷达视向的速度时，后天线到海面分辨单元的距离相比于前天线发生变化，具体表现为前、后天线获取 SAR 复图像间该分辨单元的相位差，即顺轨干涉相位。所以理论上由顺轨干涉 SAR 得到的海洋流场具有与 SAR 图像相同的高空间分辨率，这对于研究中小尺度的海洋流场无疑具有巨大的优势。此外，利用顺轨干涉 SAR 高空间分辨率的优势，还可以研究舰船尾迹，中小尺度海洋锋、海洋内波等与海面速度变化息息相关的海洋现象[7]。交轨干涉 SAR 已成熟应用于陆地地形测绘，而将其用于海洋流场探测，相比于顺轨干涉技术发展时间相对较短。交轨干涉 SAR 垂直平台飞行方向上放置主副两根天线，主副天线至海面同一分辨单元存在微小的视角差异，通过测量海面高度来反演地转流场。本文主要讨论顺轨干涉 SAR 海洋流场观测方法。

## 1.2.1 机载顺轨干涉 SAR 系统

美国早期的机载顺轨干涉 SAR 系统搭载在 CV 990 飞机上运行。1987 年，美国喷气动力实验室（Jet Propulsion Laboratory，JPL）的 Goldstein 和 Zebker 利用该飞机上的两个 L 波段天线在美国旧金山（San Francisco）海湾进行了海洋流场测量试验，首次揭示了顺轨干涉 SAR 测量洋流速度的能力[4]。但是 20 世纪 80 年代中后期的一场火灾导致 CV 990 及机载 SAR 系统完全损毁。灾难之后，NASA 制造了新的机载 SAR 系统 AIRSAR（如图 1.2 所示）。AIRSAR 是一种多波段（P 波段、L 波段和 C 波段）、多极化的干涉 SAR 系统，其主要有 POLSAR、TOPSAR（即 CTI，Cross-Track Interferometry）和 ATI 3 种工作模式，如表 1.2 所示。在 ATI 模式下，L 波段和 C 波段可以分别形成 19.8 m 和 1.93 m 的顺轨基线，其对海洋流场的测速精度分别为 0.01 m/s 和 0.1 m/s。该系统搭载在 DC-8 飞机上，于 1988 年初首次飞行。根据 AIRSAR 网站相关资料，AIRSAR 最后一次任务时间是 2004 年，其随后被美国新一代全极化 L 波段机载重轨干涉 SAR 系统 UAVSAR（Uninhabited Aerial Vehicle Synthetic Aperture Radar）（如图 1.3 所示）所取代。

表 1.2　AIRSAR 主要工作模式

| 工作模式 | | 主要功能 |
|---|---|---|
| POLSAR | | P、L 和 C 波段全极化工作模式 |
| TOPSAR | XTI1 | P 波段和 L 波段全极化，C 波段 VV 极化"标准"干涉模式* |
| | XTI1-P | P 波段和 L 波段全极化，C 波段 VV 极化"乒乓"干涉模式** |
| | XTI2 | P 波段全极化，L 波段和 C 波段 VV 极化"标准"干涉模式 |
| | XTI2-P | P 波段全极化，L 波段和 C 波段 VV 极化"乒乓"干涉模式 |
| ATI | | L 波段和 C 波段 VV 极化顺轨干涉模式 |

注：* 标准模式指一个天线发射，两个天线同时接收；

　　** 乒乓模式指两个天线交替进行发射和接收。

美国密歇根环境研究所（Environmental Research Institute of Michigan，ERIM）拥有一个 L 波段、C 波段和 X 波段的机载 SAR 系统，该系统装载在 P-3 飞机上。在 C 和 X 波段，该系统具有顺轨干涉能力。

美国 UTNS（United Technologies Norden Systems）制造了一个 Ku 波段 VV 极化的干涉 SAR 系统，该系统装载在 Gulfstream Ⅲ飞机上。该系统由一个大的发射天线以及 3 个沿水平方向放置的小接收天线组成，可以形成顺轨干涉，径向速度测量精度在 1～3 cm/s。

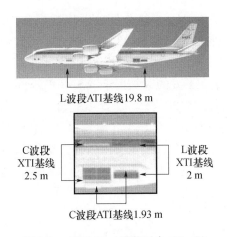

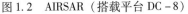

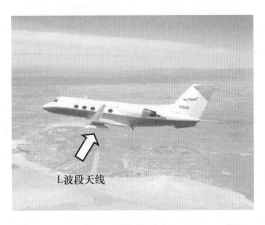

图 1.2  AIRSAR（搭载平台 DC-8）　　　图 1.3  UAVSAR（搭载平台 Gulfstream Ⅲ）

1993 年，加拿大遥感中心（Canada Centre for Remote Sensing，CCRS）将其安装在 CV-580 飞机平台上的 C 波段 HH 极化的交轨干涉 SAR 系统进行适当改进，使其具有了顺轨干涉测量能力。改进后的系统采用微带天线（Microstrip Antenna），它可以通过电子方式分成两个沿飞行方向的子天线，形成的顺轨基线长度为 0.46 m。1994—1995 年，CCRS 利用该系统在加拿大芬迪湾（Fundy）和新斯科舍省（Nova Scotia）沿海进行了一系列海事试验，试验结果表明顺轨干涉 SAR 能够提高海面运动目标及其尾迹的检测能力，并指出顺轨干涉 SAR 相位图像能够反映水下地形特征。

法国航空航天研究院（Office National d'Etudes et de Recherches Aérospatials）设计制造的机载 SAR 系统-RAMSES，装载在 Transall C160 上，频率变化范围为 P~W（450 MHz~500 GHz）。在 X 波段，该系统具有顺轨干涉能力。2007 年 12 月，该系统在 Rhone River 附近进行了顺轨干涉飞行试验。Nouvel 等利用此次试验结果提取了 Rhone River 的流速，并分析了不同极化方式、不同入射角对顺轨干涉测量的影响。

英国国防评估与研究局（The Defrence Evaluation and Research Agency）研制的 ESR（Enhanced Surveillance Radar）是一种多通道顺轨干涉 SAR 系统（Multi-channel Along-track Interferoetric SAR，MATI-SAR），可以对运动目标进行距离向-方位向-速度向的三维重建。Barber 指出通过自适应多普勒滤波技术，MATI-SAR 比普通 SAR 更有利于海洋特征成像。

德国航空航天中心（German Aerospace Center，OLR）研制的 DO-SAR（DOrnier Synthetic Aperture Radar）系统装载在 Dornier DO-228 飞机上，可以工作在 C 波段、X 波段和 Ka 波段3 种波段下，其中 C 波段和 X 波段天线具有全极化工作能力，Ka 波段工作在 HH 极化方式下。在 C 波段下，该雷达具有 ATI 和 XTI 两种工作模式，其顺轨基线长度为 0.6 m，交轨基线长度为 1 m[10]。

德国航空航天中心研制的 E-SAR（Airborne Experimental Synthetic Aperture Radar），是一个装载在 Dornier DO-228 小型飞机上的多参数雷达系统，目前该系统可工作在 P 波段、L 波段、C 波段和 X 波段，具有全极化工作能力，其中在 X 波段时具有 XTI 工作模式和 ATI 工作模式。Macklin 等[11]利用 E-SAR 对苏格兰的 Tay Estuary 进行流场检测，检测结果与 ADCP 结果吻合较好。为了满足多波段多极化同时获取数据的需求，DLR 对 E - SAR 系统进行升级，新的机载 SAR 系统称为 F - SAR。新系统在 X 波段同样具有顺轨干涉能力，其顺轨基线长度为 0.85 m。

德国 Aero - Sensing Radar Systeme（GmbH）公司开发的 X 波段干涉 SAR 系统 AeS - 1 安装了 3 个雷达天线，其中两个天线沿着平台飞行方向安装，一个天线垂直飞行方向安装。根据天线的布置不同，可以分别形成混合基线模式（如图 1.4 所示）和顺轨干涉模式（如图 1.5 所示）。在混合基线模式下，其顺轨基线长度为 0.034 m，交轨基线长度为 1.56 m。在顺轨干涉模式下，其基线长度为 0.6 m。该系统是首次采用混合基线模式对海面波高和海表流场同时进行观测的雷达系统。Siegmund 等[12]在 Wadden 海域利用 Aes - 1 形成的混合基线对海洋表面流场进行成像。Romeiser 等[13]在德国遥感项目 EURoPAK - B 中利用该系统顺轨干涉模式数据进行海表流场以及浅海地形反演。

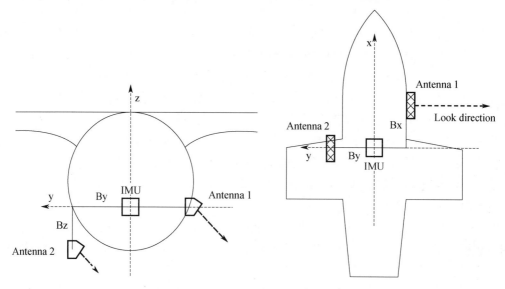

图 1.4　AeS - 1 混合基线结构天线布置示意图

图 1.5　AeS - 1 顺轨模式天线布置

上面所提到的机载顺轨干涉 SAR 系统都是单波束雷达系统，一次飞行只能获得海表流场沿雷达径向的一个速度分量，要得到完整的速度矢量，需要设计两个相互垂直的飞行路线，并假定两次飞行时流场速度不变，或使用两架干涉 SAR 系统沿不同航迹飞行，但是即使如此也只能获得很小面积的流场速度信息。对此，Frasier 和 Camps[14] 提出了双波束顺轨干涉 SAR 测量的概念，利用两组天线分别进行侧前视和侧后视观测，形成两组干涉图以得到流场的两个沿雷达径向的速度分量。

2003 年，美国马萨诸塞（Massachusetts）大学开发了第一个机载双波束顺轨干涉雷达系统 UMass DBI（University of Massachusetts Dual – Beam Interferometer）［如图 1.6（a）所示］。该系统工作在 C 波段，VV 极化，由两对天线组成，基线长度为 1.23 m。两对天线可以分别由前置前视（FF）和后置前视（AF）以及前置后视（FA）和后置后视（AA）形成两组沿不同方向的干涉测量结果，最终可以得到流场沿两个不同方向的速度分量［如图 1.6（b）所示］，这样单次飞行就可以得到完整的二维海表流场信息。

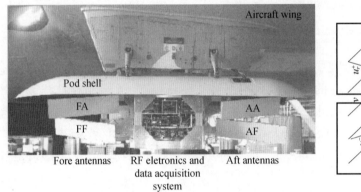

(a) 双波束顺轨干涉SAR系统天线布置　　　(b) 双波束观测示意图

图 1.6　第一个机载双波束顺轨干涉 SAR 系统—UMass DBI

## 1.2.2　星载顺轨干涉 SAR 系统

2000 年，美国、德国以及意大利的相关部门合作开展了"航天飞机雷达地形测绘计划"（Shuttle Radar Topography Mission，SRTM），对全世界地形进行精确测绘，图 1.7 给出了 SRTM 顺轨干涉模式测量的荷兰 Wadden 海域流场。航天飞机上的合成孔径雷达 SIR – C/X – SAR 由 SIR – C 和 X – SAR 两部 SAR 组成。其中 X – SAR 是单频、单极化、多视角 SAR 系统，主要由德国 DLR 设计。为了得到雷达信号干涉图，在航天飞机内安装了一个主天线，然后在舱外安装了一个副天线，可以形成 60 m 长的交轨干涉基线。由于技术原因，两个天线之间还存在 7 m 长的顺轨基线，可以产生 0.45 ms 的时间延时（如图 1.8 所示）。2002 年，德国汉堡大学（Unviersity of Hamburg）发布了星载顺轨干涉技术用于海表流场测量的技术报告，并对不同雷达参数和环境参数对顺轨干涉测量的影响进行了仿真分析。Romeiser 等[15] 利用 SRTM X – SAR 获得的荷兰瓦登（Wadden）海域以及德国易北河（Elbe River）流域的顺轨干涉数据进行表面流场反演，反演流场与环流模型结果具有较好的一致性，验证了星载顺轨干涉 SAR 系统测量表面流场的能力。

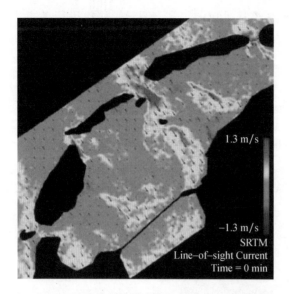

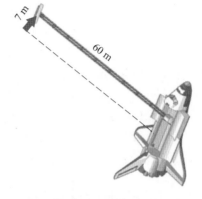

图 1.7　SRTM 顺轨干涉模式测量的荷兰瓦登海域流场　　　图 1.8　SRTM 天线结构示意图

　　德国 DLR 于 2007 年 6 月发射的 TerraSAR - X 是新一代的高分辨率雷达卫星，也是世界上首颗分辨率达到 1 m 的 X 波段商用卫星。TerraSAR - X 采用相控阵天线技术，由 12 块面板组成，每块面板又包括 32 块波导子阵，整个天线全长 4.8 m，高0.8 m（如图 1.9 所示）[17]。通过隙缝天线模式（Split Antenna Mode），该相控阵天线可以分别形成有效基线为 1.2 m、2.4 m 和 3.6 m 等多种子天线，进行顺轨干涉测量。为了延长 TerraSAR - X 的使用寿命，DLR 在其内部增加了一部备用接收机。根据接收模式不同，TerraSAR - X 又分为双接收天线（Dual Receive Antenna，DRA）和交替接收（Aperture Switching，AS）两种不同的顺轨干涉模式。在 DRA 模式下，整个天线用于雷达信号发射，然后在沿飞行方向形成两个子天线同时进行雷达信号接收［如图1.10（a）所示］。该模式需要同时用到两部接收机。在 AS 模式下，同样由整个天线发射雷达信号，然后形成两个子天线交替接收雷达信号［如图 1.10（b）所示］。在 AS模式下，只需要使用一部接收机，但是此时的脉冲重复频率（Pulse Repetition Frequen-cy，PRF）是 DRA 模式下的一半，从而降低了系统的信噪比（Signal - to - Noise Ratio，SNR），减小了测绘带宽，另外在成像处理中会导致方位向模糊更加严重。2010 年，Romeiser 等[18]利用 TerraSAR - X 获得的 AS 模式和 DRA 模式下顺轨干涉 SAR 数据对德国易北河进行了表面流场速度提取，在空间分辨率为 1 km 的情况下，获得的流场速度精度为 0.1 m/s。

　　2010 年，Romeiser 等[18]首次对 TerraSAR 在 2008 年获取的德国易北河河口的 6 块数据进行了处理和分析，如图 1.11 所示，这些数据都是在 AS 模式下获取的，可以看到，由于 TerraSAR 基线过短，干涉相位受噪声的影响十分严重。Romeriser 将 TerraSAR 数据反演得到的易北河流速，同数值仿真模型得到的结果以及部分地面实测数据对比发现，虽然 AS 模式下流场数据受相位噪声的影响十分严重，但其中 5 块数据的流场差异在- 0.11 ~ 0.08 m/s 之间，所以在 1 km 空间分辨率下，流场测量精度能够达到 0.1 m/s。

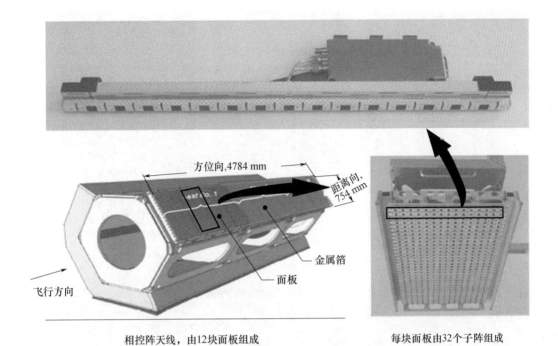

相控阵天线，由12块面板组成　　　　　　每块面板由32个子阵组成

图 1.9　TerraSAR - X 天线结构示意图

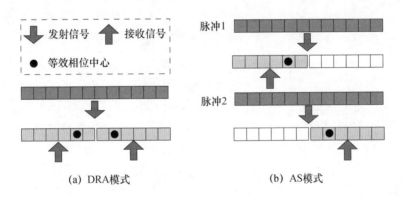

(a) DRA模式　　　　　　(b) AS模式

图 1.10　TerraSAR - X 顺轨干涉模式

德国 DLR 于 2010 年 6 月发射的 TanDEM - X（TerraSAR - X add - on for Digital Elevation Measurement）是 TerraSAR - X 的姊妹星，两者系统参数相同。两颗卫星以 HELIX 卫星运行方式在很接近的轨道上运行（如图 1.12 所示），其运作类似一个很灵活的单轨 SAR 干涉测量系统，基线可以根据应用的不同需求进行选择。TDX/TSX（TanDEM - X/TerraSAR - X）结构具有顺轨干涉、交轨干涉、顺轨交轨联合干涉等多重模式，既可以采用单站方式工作，又可以采用双站方式工作。其中顺轨干涉示意图如图 1.13 所示，它既可以采用单颗卫星以分割天线形式形成短基线，对海面或地面快速运动目标进行检测，又可以利用 HELIX 运行方式产生的长基线，对海面或地面慢速运动目标进行检测。

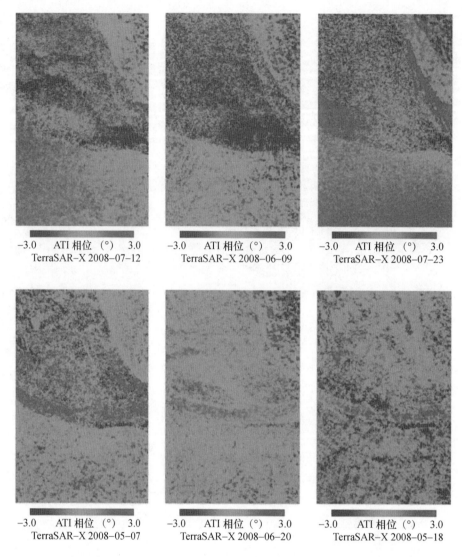

图 1.11　TerraSAR－X 于易北河河口获取的顺轨干涉相位

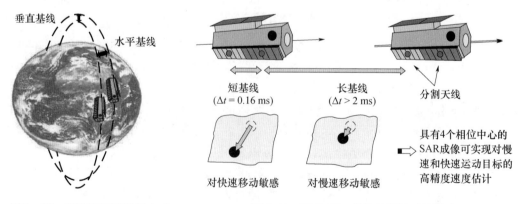

图 1－12　HELIX 卫星运行方式　　　　图 1.13　TDX/TSX 结构的顺轨干涉模式

2014 年，Romeiser 对比了 TerraSAR 单星短基线干涉（顺轨基线 1. 15 m）以及 TDX/TSX 双星编队长基线干涉（顺轨基线 25 m）对同一海域的流场测量结果。结果表明，双星编队由于具有更长的顺轨基线，在顺轨时延内，流场速度相位较大，受相位噪声影响相对较小，图 1. 14（a）为空间多视至 33 m 分辨率下反演得到的流场速度，此时流场测量精度为 0. 1 m/s。图 1. 14（b）为 TerraSAR 短基线获得的同一区域的反演流场，空间分辨率为 25 m。同双星编队长基线结果相比，反演的流场受噪声影响十分严重，TerraSAR 需空间多视至 1 km 分辨率才能达到 0. 1 m/s 的测流精度。

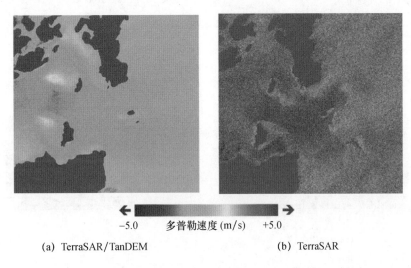

−5.0　　　多普勒速度 (m/s)　　　+5.0

(a) TerraSAR/TanDEM　　　　　　　(b) TerraSAR

图 1. 14　TerraSAR 和 TerraSAR/TanDEM 对同一海域的反演流场

加拿大于 2007 年 12 月发射的 Radarsat – 2 具有动目标检测的实验模式（Moving Object Detection Experiment，MODEX）。Radarsat – 2 天线全长 15 m，宽 1. 5 m，方位向由 4 块面板组成，每个面板又包括 4 个列驱动单元（Column Drive Unit，CDU）[19]。在 MODEX 模式下，Radarsat – 2 的天线可以分成沿飞行方向的前后两个子天线同时接收数据，形成顺轨干涉模式。另外，根据发射天线的不同（如全天线发射，前后子天线同时接收；前向子天线发射，前后子天线同时接收；后向天线发射，前后子天线同时接收等），MODEX 又可以形成多通道模式（如图 1. 15 所示）。但是 MODEX 数据应用主要以地面运动目标指示（Ground Moving Target Indication，GMTI）为主，目前还未看到 MODEX 数据在海表流场监测方面的研究报告。

意大利航天局和国防部投资研制的卫星星座 COSMO – SkyMed（COnstellation of small Satellites for Mediterranean basin Observation），主要用于地中海周边地区的险情处理、沿海地带监测和海洋污染治理，是一个军民两用的对地观测系统。该卫星星座由 4 颗 X 波段 SAR 卫星组成（如图 1. 16 所示），发射过程分阶段进行：其首颗卫星 COSMO – SkyMed – 1 于 2007 年 6 月发射，第二颗 COSMO – SkyMed – 2 于 2007 年 12 月发射，第三颗 COSMO – SkyMed – 3 于 2008 年 10 月发射，最后一颗 COSMO – SkyMed – 4 于 2010 年 11 月发射。根据 4 颗卫星运行的轨道，COSMO – SkyMed 星座可以构成普通轨道构型（Normal Orbit Configure）［如图 1. 16（a）］和干涉轨道构型（Inferometric Orbit Configure）［如图 1.16（b）所示］。COSMO – SkyMed 采用相控阵天线技术，天线全长 5.6 m，由 5 块电子面板组成，可以形成多通道接收模式。Lombardini 等[20] 指出通过天线分裂，COSMO – SkyMed 可以形成顺轨干涉对海表流场以及海面相干时间等进行测量，并对不同风速条件和不同天线分裂模式下 COSMO – SkyMed 的流场测速精度进行了分析，结果表明在 7 m/s 的风速条件下，其测速精度优于 0.1 m/s。

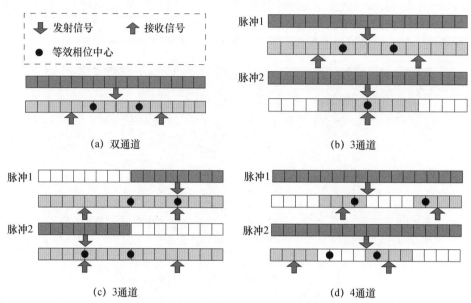

图 1.15　MODEX 多通道模式示意图

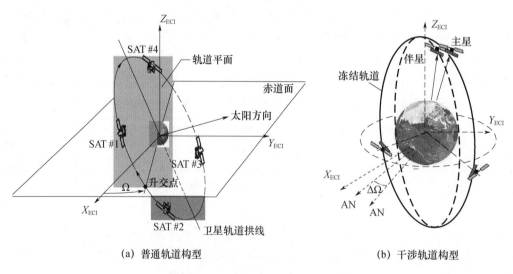

图 1.16　COSMO – SkyMed 星座构型示意图

　　综合可见，目前顺轨干涉 SAR 技术正沿着单波束到双波束、机载到星载的轨迹发展。同时越来越多的顺轨干涉 SAR 平台的建立，也为顺轨干涉 SAR 海洋应用提供了越来越多的数据来源。

## 1.3 干涉 SAR 海流观测发展趋势展望

虽然国际上利用干涉 SAR 已进行了大量的海洋流场探测实验，并且干涉 SAR 系统也由机载到星载、单波段到多波段、单波束到双波束不断地发展和改进。但是，目前国内在海洋流场的遥感方面还处于起步阶段，主要有如下几个方面的问题。

（1）SAR 海洋后向散射模型和反演方法的研究

随着遥感探测时空分辨率的逐步提高，海洋遥感所能探测的对象也日益丰富。SAR 作为微波遥感海面动力的一个重要组成部分，可以预见在中尺度、次中尺度乃至小尺度海洋动力过程的研究中，将会逐渐起到主导性的作用。将不同时空尺度海洋动力过程的散射模型和反演方法建立起来，将会是未来很长一段时间内 SAR 动力遥感的核心研究方向。而随着上层海洋观测数据的日益完善，在传统观测和反演大尺度海洋环流和中尺度涡的基础上，海洋遥感开始重点关注海表面存在的次中尺度和小尺度混合过程，为全面理解上层海洋的物质能量演变乃至气候变化等重要课题奠定数据基础。

（2）海洋 SAR 遥感反演误差模型及验证方法的研究

SAR 遥感海洋流场过程中，受到了卫星运动、复杂的海面散射以及复杂的风浪运动影响，使得对 SAR 遥感反演误差模型的建立非常复杂，虽然经过了十几年的研究，但该问题依然存在，并且未得到较好的解决。就误差分析模型而言，反演结果的好坏受到诸多因素的影响，比如，成像分辨率、海面的后向散射机制、反演的精度和反演对象的空间尺度等。这就使得在分析反演误差时，需要针对不同尺度的海洋现象在不同分辨率下分别做具体的分析，测量对象的时空尺度决定测量误差。因此，每一种海洋现象都需要独立分析其反演误差，从而造成了反演结果验证和误差分析的复杂性。

（3）SAR 海洋流场业务化探测的研究

目前距离实现 SAR 海洋流场业务化探测仍存在诸多的困难，主要存在以下几个问题：首先，目前的 SAR 卫星大都工作在高度为 $500 \sim 1\,000$ km 的低地球轨道，在这种轨道高度条件下，SAR 高方位分辨率对高脉冲重复频率（pulse repetition frequency，PRF）的需求，与宽刈幅成像对低 PRF 的需求形成矛盾，使得高方位分辨率与大刈幅成像无法同时满足，从而导致 SAR 重访周期相对较长（短则几天、长则十几天），无法满足对热点区域的高频率或者应急观测需求；其次，由于前视或后视时的多普勒带宽太窄，导致单星 SAR 一般仅能进行侧视成像。由于海面快速运动导致的快速去相干特性，只能采用单航过方式实现顺轨干涉。对于不同工作频段的星载顺轨干涉 SAR 来说，最优的干涉基线在几十米到一百米量级。对于单星平台的 SAR 系统来说干涉基线较长，实现难度大；对于双星编队来说干涉基线又太短，难以满足卫星安全运行的需要的安全距离。上述这些不足严重影响着星载 SAR 在海洋环境和海上目标监测等领域的有效应用。

然而，即便存在上述一系列的问题，合成孔径雷达依然是目前最理想的遥感手段。相比散射计、高度计等测量手段，SAR 或 InSAR 遥感海洋流场信息将测量后向散射系数、多普勒频率和干涉相位 3 个参数，它们分别具有不同的成像分辨率。对于时变海面的遥感而言，成像的时空分辨率决定了图像所能探测的上层海洋现象时空尺度的范围。

后向散射系数图像和干涉 SAR 的相位图像分辨率较高，达到米级；多普勒频率的分辨率较低，为千米级。SAR 或 InSAR 具有的这种多分辨率优势，将极大扩展卫星所能探测的上层海洋动力的时空尺度，这是其他遥感手段所不具备的，因此它是最适合的海面流场遥感观测手段。本书将在之后的几章内容中，针对 SAR 在海洋上的特殊性，具体介绍干涉 SAR 海洋流场观测机理，并在此基础上给出干涉 SAR 海洋流场信号仿真方法，对干涉 SAR 海洋流场观测系统进行设计与分析，最后给出干涉 SAR 海洋流场反演方法。

# 参考文献

[1] 常亮, 高郭平, 郭立新. 星载 SAR 海洋表层流场反演综述. 海洋科学进展 [J], 2015, 33 (1): 107 –117.

[2] Wiley C A. *Synthetic Aperture Radar*. IEEE Transactions on Aerospace and Electronic Systems, 1985, 21 (3): 440 –443.

[3] Swift C T. *Seasat Scatterometer Observations of Sea Ice*. IEEE Transactions on Geoscience and Remote Sensing, 1999, 37 (2): 716 –723.

[4] Goldstein R M and Zebker H A. *Interferometric Radar Measurement of Ocean Surface Currents*. Nature, 1987, 328: 707 –709.

[5] Cutrona L J, Leith E N, Porcello L J, et al. *On the Application of Coherent Optical Processing Techniques to Synthetic – Aperture Radar*. Proceedings of the IEEE, 1966, 54 (8): 1026 –1032.

[6] Rice S O. Reflection of Electromagnetic Wave from Slightly Rough Surface. Communication in Pure and Applied Mathematics. 1951, 4: 361 –378.

[7] Kersten P R, Toporkov J V, Ainsworth T L, et al. *Estimating Surface Water Speeds with a Single – Phase Center SAR Versus an Along – Track Interferometric SAR*. IEEE Transactions on Geoscience and Remote Sensing, 2010, 48 (10): 3638 –3646.

[8] Johannessen J A, Chapron B, Collard F, et al. *Direct Ocean Surface Velocity Measurements from Space: Improved Quantitative Interpretation of Envisat ASAR Observations*. Geophysical Research Letters, 2008, 35 (22): 113 –130.

[9] Fu L L and Ferrari R. *Observing Oceanic Submesoscale Processes from Space*. Eos Transactions American Geophysical Union, 2008, 89 (48): 488 –488.

[10] Faller N P, Meier E H. *First Results with the Airborne Single – Pass DO – SAR Interferometer*. IEEE Transactions on Geoscience and Remote Sensing, 1995, 33 (5): 1230 –1237.

[11] Macklin J T, Ferrier G, Neil S, et al. *Along – Track Interferometry (ATI) Observations of Currents and Fronts in the Tay Estuary, Scotland*. EARSel eProceedings 3, 2004.

[12] Siegmund R, Bao M, Lehner S, et al. *First Demonstration of Surface Currents Imaged by Hybrid Along – and Cross – Track Interferometric SAR*. IEEE Transactions on Geoscience and Remote Sensing, 2004, 42 (3): 511 –519.

[13] Romeiser R. *Current Measurements by Airborne Along – Track InSAR: Measuring Technique and Experimental Results*. IEEE Journal of Oceanic Engineering, 2005, 30 (3): 552 –569.

[14] Frasier S J and Camps A J. *Dual – Beam Interferometry for Ocean Surface Current Vector Mapping*. IEEE Transactions on Geoscience and Remote Sensing, 2001, 39 (2): 401 –414.

[15] Romeiser R, Runge H, Suchandt S, et al. *Current Measurements in Rivers by Spaceborne Along – Track*

InSAR. IEEE Transactions on Geoscience and Remote Sensing, 2007, 45 (12): 4019 – 4031.

[16] Romeiser R, Breit H, Eineder M, et al. *Current Measurements by SAR Along – Track Interferometry from a Space Shuttle*. IEEE Transactions on Geoscience and Remote Sensing, 2005, 43 (10): 2315 – 2324.

[17] Pitz W and Miller D. *The TerraSAR – X satellite*. IEEE Transactions on Geoscience and Remote Sensing, 2010, 48 (2): 615 – 622.

[18] Romeiser R, Suchandt S, Runge H, et al. *First Analysis of TerraSAR – X Along – Track InSAR – Derived Current Fields*. IEEE Transactions on Geoscience and Remote Sensing, 2010, 48: 820 – 829.

[19] Ali Z, Barnard I, Fox P, et al. *Description of Radarsat – 2 Synthetic Aperture Radar Design*. Canadian Journal of Remote Sensing, 2004, 30 (3): 246 – 257.

[20] Lombardini F, Bordoni F and Verrazzani L. *Multibaseline ATI – SAR for Robust Ocean Surface Velocity Estimation*. IEEE Transactions on Serospace and Electronic Systems, 2004, 40 (2): 417 – 433.

# 第 2 章　干涉 SAR 海洋流场观测原理

SAR 成像本质上是在距离向和方位向上的二维线性压缩过程，尤其在方位向孔径合成时，依赖精确的相位或多普勒历程测量从而完成高分辨率成像。所以合成孔径雷达的高分辨成像理论是建立在成像目标静止或规则运动的前提条件下，而对于海面而言，其运动变化是一个时变的随机过程，所以合成孔径雷达海面成像同陆地具有较大的区别。

SAR 所接收的海面回波信号主要来自与雷达波长尺度相当的 Bragg 波的共振散射作用，而更大尺度的波浪以及各种海洋现象则是通过对 Bragg 波的空间分布以及幅度调制，而得以在 SAR 图像上体现[1]。SAR 获取的数据除了图像幅度信息外还包括图像相位信息，一般将同时具有回波幅度和相位信息的 SAR 数据称为 SAR 复图像，而干涉合成孔径雷达（InSAR）就是利用多幅 SAR 复图像间的相位共轭，即干涉相位来获得海面速度及高度等物理参量。

为了便于普通读者理解本章以及本书后续内容，本章内容在安排上，首先介绍 SAR 的相关基础知识，包括 SAR 成像原理与成像算法，并给出海面 SAR 微波散射机理和成像机理，最后重点介绍干涉 SAR 海洋流场观测原理并详细分析测速精度与相位成分。

## 2.1　合成孔径雷达成像原理

合成孔径雷达是利用与目标作用相对运动的小孔径天线，把在不同位置接收的回波进行相干处理，从而获得较高分辨力的成像雷达。SAR 载荷理想条件下随平台一起做匀速直线运动，平台飞行方向定义为方位向，与之垂直的方向为距离向。其中，距离向高分辨通过发射宽带信号来实现，方位向高分辨通过合成孔径处理的方式实现。

### 2.1.1　距离向成像

SAR 在距离向上主动发射脉冲信号，通过测量雷达与观测目标之间的回波延时，推算出两者之间的距离。SAR 通常采用脉冲压缩技术，获取较高的距离分辨率。SAR 的距离向分辨率取决于发射系统的带宽，两者的关系可以表示为

$$\rho_r = \frac{c}{2B} \tag{2.1}$$

式中：c 为光速；B 为发射信号带宽。

脉冲压缩信号是一种具有大时宽带宽积的信号，这种信号不再是简单的单一载频信号，而是经过了某种调制，它能够解决单一载频信号在作用距离和分辨率上的矛盾。线性调频（Line frequency modulation，LFM）信号就是其中应用最为广泛的一种脉冲压缩信号。LFM 信号在 SAR 系统中非常重要，其瞬时频率是时间的线性函数。这种信号用于雷达发射，以得到均匀的信号带宽，并在传感器运动过程中接收信号。LFM 信号数学表达式为

$$s(t) = rect\left(\frac{t}{T_P}\right)e^{j2\pi\left(f_c t + \frac{K}{2}t^2\right)} \tag{2.2}$$

式中：$t$ 为距离时间；$T_P$ 为发射脉冲宽度；$j$ 为虚数单位；$f_c$ 为载波频率；$K$ 为线性调频信号的调频斜率；$rect\left(\frac{t}{T_P}\right)$ 为矩函数，定义为

$$rect\left(\frac{t}{T}\right) = \begin{cases} 1, & \left|\dfrac{t}{T_P}\right| \leqslant 1 \\ 0, & else \end{cases} \tag{2.3}$$

在脉冲持续期内，信号频率变化范围即为该信号带宽，即

$$B = KT_P \tag{2.4}$$

信号的瞬时频率为 $f_c + Kt\left(-\dfrac{T_P}{2} \leqslant t \leqslant \dfrac{T_P}{2}\right)$，也可将 up – chirp 信号重写为

$$s(t) = S(t)e^{j2\pi f_c t} \tag{2.5}$$

式中：$S(t)$ 是信号 $s(t)$ 的复包络，即

$$S(t) = rect\left(\frac{t}{T_P}\right)e^{j\pi Kt^2} \tag{2.6}$$

由傅里叶变换性质，$S(t)$ 和 $s(t)$ 具有相同的幅频特性，只是中心频率不同。LFM 信号 $s(t)$ 的时域波形和幅频特性如图所示，图 2.1 中，$T_P = 10\ \mu s$，$B = 30\ MHz$，$K = 3 \times 1\ 012\ Hz/s$。

信号 $s(t)$ 的匹配滤波器的时域脉冲响应为

$$h(t) = s^*(t_0 - t) \tag{2.7}$$

式中：$t_0$ 是使滤波器物理可实现所附加的时延；∗ 表示共轭。理论分析时，可令 $t_0 = 0$，则时域脉冲响应为

$$h(t) = s^*(-t) \tag{2.8}$$

将 $s(t)$ 代入式（2.8）得

$$h(t) = rect\left(\frac{t}{T_P}\right)e^{-j\pi Kt^2} \times e^{j2\pi f_c t} \tag{2.9}$$

如图 2.2 所示，$s(t)$ 经过匹配滤波器 $h(t)$ 后得到输出信号 $s_o(t)$ 为

$$\begin{aligned} s_o(t) &= s^*(t)h(t) \\ &= \int_{-\infty}^{\infty} s(u)h(t-u)\,du = \int_{-\infty}^{\infty} h(u)s(t-u)\,du \\ &= \int_{-\infty}^{\infty} e^{-j\pi Ku^2}rect\left(\frac{u}{T_P}\right)e^{j2\pi f_c u} \times e^{j\pi K(t-u)^2}rect\left(\frac{t-u}{T_P}\right)e^{j2\pi f_c(t-u)}\,du \end{aligned} \tag{2.10}$$

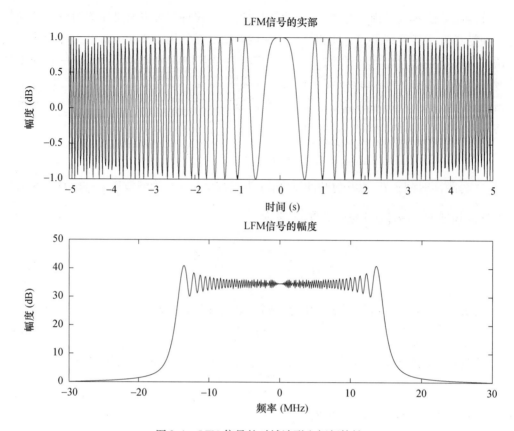

图 2.1 LFM 信号的时域波形和幅频特性

图 2.2 LFM 信号的匹配滤波

通过积分计算，化简可得最终输出信号 $s_o(t)$ 为

$$s_o(t) = T_P \frac{\sin \pi K T_P \left(1 - \frac{|t|}{T_P}\right) t}{\pi K T_p t} rect\left(\frac{t}{2T_P}\right) e^{j2\pi f_c t} \qquad (2.11)$$

它是一固定载频 $f_c$ 的信号，当 $t \leqslant T_P$ 时，信号 $s_o(t)$ 的包络 $S_o(t)$ 近似为辛格（sinc）函数，即

$$S_o(t) = T_P sinc(\pi K T_p t) rect\left(\frac{t}{2T_P}\right)$$

$$= T_P sinc(\pi B t) rect\left(\frac{t}{2T_P}\right) \qquad (2.12)$$

如图 2.3 所示，当 $\pi B t = \pm \pi$ 时，$t = \pm \frac{1}{B}$ 为其第一零点坐标；当 $\pi B t = \pm \frac{\pi}{2}$ 时，$t = \pm \frac{1}{2B}$，习惯上，将此时的脉冲宽度定义为压缩脉冲宽度。下

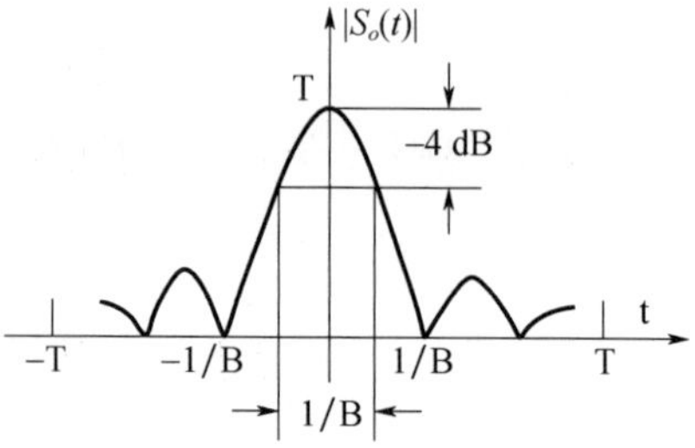

图 2.3 匹配滤波的输出信号

20

面通过仿真举例说明，结果如图 2.4 所示，仿真参数分别为：$T_P = 10\ \mu s$，$B = 30\ MHz$，$K = 3 \times 10^{12}\ Hz/s$。

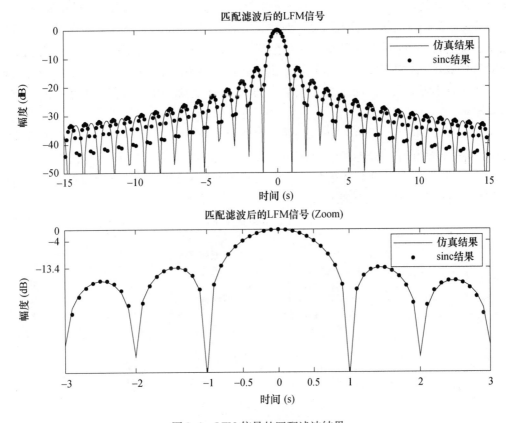

图 2.4 LFM 信号的匹配滤波结果

对时间轴进行归一化后，图 2.4 中反映出理论与仿真结果吻合良好。第一零点出现在 $\pm 1 \left( \text{即} \pm \dfrac{1}{B} \right)$ 处，此时相对幅度是 $-13.4\ dB$。压缩后的脉冲宽度近似为 $\dfrac{1}{B} \left( \pm \dfrac{1}{2B} \right)$，此时相对幅度是 $-4\ dB$，这理论分析一致。

### 2.1.2 方位向成像

距离向成像是通过对 LFM 信号的脉冲压缩实现的，方位向成像则是利用雷达与目标之间的相对运动引起的多普勒效应来实现。在本小节中，我们将具体讨论方位向压缩的原理。

在雷达系统中，当两个目标位于同一距离，不同方位时刻时，可以被雷达区分出来的最小间隔为方位向分辨率。而方位向分辨率取决于天线有效波束宽度，当两个目标之间的方位向距离大于天线波束宽度，就能区分开来，反之就不能被区分。SAR 由于自身在方位向上的移动，在照射目标过程中合成了一个等效的大天线，从而实现方位向高分辨率。

对于真实孔径雷达来说，它的方位向分辨率为

$$\rho_a = \frac{R\lambda}{D} \tag{2.13}$$

式中：$R$ 为雷达到目标的距离；$\lambda$ 为发射信号的波长；$D$ 为天线方位向口径长度。

由式（2.13）可知，当雷达工作频率固定后，要提高方位分辨率必须增大天线长度 $D$，这会受到雷达载体的限制，不可能将天线设计得很长。合成孔径雷达利用载体飞行过程中在不同位置接收到的信号，由于多普勒效应的影响，可以将方位向信号等效地归纳为线性调频信号，因此方位压缩过程也可以等效为脉冲压缩过程，来获得高的方位向分辨率。

为 SAR 正侧视情况下的空间几何关系如图 2.5 所示。雷达平台以速度 $V$ 沿方位向运动，雷达波束的中心线与测绘带垂直，假定雷达的波束宽度为 $\theta_{bw}$，雷达在 $X$ 轴上的坐标为 $x$，目标 P 在 $X$ 轴上坐标为 $x_0$，最短斜距为 $R_0$，则雷达波束在点目标 P 上覆盖长度即为合成孔径长度，可以表示为

$$L_s = R_0 \theta_{bw} \tag{2.14}$$

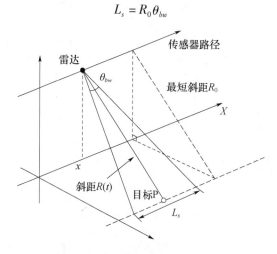

图 2.5　雷达数据获取的几何关系

方位时间 $t$ 时刻目标 P 与雷达平台之间的距离为

$$R(t) = \sqrt{R_0^2 + (Vt - x_0)^2} \approx R_0 + \frac{V^2 t^2}{2R_0} \tag{2.15}$$

回波信号与发射信号之间的相位差为

$$\phi = \frac{-4R(t)}{\lambda} \approx -\frac{4\pi}{\lambda}R_0 - \frac{2\pi V^2 t^2}{2R_0} \tag{2.16}$$

由于雷达与目标之间有相对运动，产生多普勒效应，目标在方位向上的回波的瞬时多普勒频率为

$$f_d(t) = \frac{1}{2\pi}\frac{d\phi}{dt} = -\frac{2V^2 t}{\lambda R_0} \tag{2.17}$$

可以得到方位向的线性调频率为

$$f_r = \frac{df_d}{dt} = -\frac{2V^2}{\lambda R_0} \tag{2.18}$$

由式（2.18）发现，在合成孔径 $T_s = L_s/V$ 这段时间内，$f_d(t)$ 随时间呈线性变化。

故可以将方位向的回波多普勒信号看作是脉宽为 $T_s$、多普勒中心频率为 0、调频率为 $f_r$ 的线性调频信号，点目标回波信号的多普勒带宽为

$$\Delta f_d = |f_r| T_s = \frac{2V^2 L_s}{\lambda R_0} \qquad (2.19)$$

根据脉冲压缩原理，方位向分辨率与雷达天线波束扫过目标 P 时产生的最大多普勒带宽有关。此时线性调频信号经匹配滤波器之后，得到的输出信号包络的主瓣宽度为

$$\tau_a = \frac{1}{\Delta f_d} = \frac{D}{2V} \qquad (2.20)$$

式中：$\tau_a$ 相当于方位向的时间分辨率，如果两目标的回波多普勒信号经脉冲压缩后的间隔大于 $\tau_a$，雷达才能将它们分辨开来。合成孔径雷达在方位向上的分辨率为

$$\rho_a = \tau_a V = \frac{D}{2} \qquad (2.21)$$

由式（2.21）可知，合成孔径雷达的方位分辨率与目标距离和波长无关，仅由天线方位向几何尺寸决定，这一特性表明 SAR 对照射区内不同位置上的目标能做到等分辨率成像，并且从理论上来说，分辨率精度可达 $D/2$。减小 $D$ 可以提高方位向分辨率，但将使天线增益下降，从而降低雷达的探测距离。

### 2.1.3　SAR 成像算法

SAR 成像处理的目的是要得到目标区域散射系数的二维分布，它是一个二维相关处理过程，通常可以分成距离向处理和方位向处理两个部分。前面两小节详细介绍了 SAR 在距离向和方位向上都可以通过匹配滤波来实现分辨成像。然而，SAR 沿轨发射并接收来自不同观测角度地物散射信号的过程中，对于同一被观测对象而言，其与 SAR 天线相位中心之间的距离持续变化，同时，这一变化随被观测对象位置的不同存在显著的空变特征，从而引发了 SAR 成像中距离和方位两维的耦合问题，解决这一问题的核心内容是通过距离徙动校正实现距离 - 方位的解耦。在处理过程中，各算法的区别在于如何定义雷达与目标的距离模型以及如何解决距离—方位耦合问题，这些问题直接导致了各种算法在成像质量和运算量方面的差异。传统 SAR 成像算法包括距离多普勒（range Doppler，RD）算法、尺度变标（chirp scaling，CS）算法和波数域（wave number 或 ω - k）算法等。

1. RD 算法

RD 算法是在 1976 年至 1978 年为处理 SEASAT SAR 数据而提出的[2]，该算法于 1978 年处理出第一幅机载 SAR 数字图像，它通过距离和方位上的频域操作，达到了高效的模块化处理要求，至今仍在广泛使用。RD 算法忽略了多普勒频移所引起的距离向相位变化，距离向处理变为一维的移不变过程且相关核已知，即退化为一般的脉冲压缩处理；同时将雷达与目标的距离按 2 阶 Taylor 展开并忽略高次项，则方位向处理也是一个一维的移不变过程，并退化为一般的脉冲压缩处理，这就是 RD 算法的实质。

RD 算法流程如图 2.6 所示，包括距离压缩处理和方位压缩处理两个主要处理步骤，以及作为辅助处理步骤的距离徙动校正处理。由于具有概念简单、易于实现、处理效率高等优点，RD 算法成为最经典、最成熟的 SAR 成像处理算法。

RD 算法的本质是对 $R(t)$ 进行 2 阶 Taylor 展开，将距离向处理和方位向处理解耦，

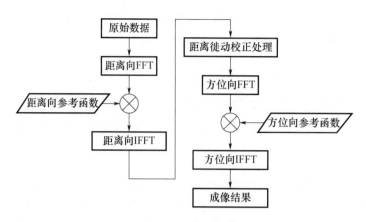

图 2.6 RD 算法流程

分解为两个一维处理分别完成。其中距离向处理利用脉冲压缩技术实现距离向高分辨，方位向处理则利用回波中的多普勒信息完成方位向高分辨。

2. CS 算法

CS 算法利用 Chirp Scaling 原理，在信号变换到二维频域之前，先初步校正所有距离单元的距离徙动曲线，使之与参考距离处的距离徙动曲线相同。这样的曲线函数仅与方位向有关，并不随距离的变化而变化，因此可以在二维频域通过简单的相位相乘完成距离徙动校正，从而避免了复杂的插值运算，这也正是 CS 算法与 RD 算法相比最大的优势所在。

CS 算法的流程示意图如图 2.7 所示[3]。由图中可见，CS 算法是以方位向 FFT 而不是距离向处理开始，并且以方位向 IFFT 结束，距离向处理则隐含在中间。这种处理流程使得 CS 算法与 RD 算法相比，需要多两次数据矩阵转角处理。3 次转角处理也是 CS 算法的一大特点。另外可以看到，在整个处理过程中，CS 算法只用到了两种操作：FFT/IFFT 和复乘。

如图 2.7 所示，CS 算法共需要进行 3 次相位因子相乘：第一次相位因子相乘在距离 - 多普勒域进行，目的是进行调频变标（Chirp Scaling）处理，使所有距离单元的距离徙动曲线形状一致，与参考距离处的距离徙动曲线相同；第二次相位因子相乘在二维频域进行，目的是同时完成距离向处理和距离徙动校正，其中距离向处理包括距离压缩和二次距离压缩；第三次相位因子相乘在距离 - 多普勒域进行，目的是补偿调频变标处理时引入的相位误差，同时完成方位压缩。

3. $\omega K$ 成像算法

SAR 成像中另外一种常用的方法是 $\omega K$ 算法，不需做任何近似，能完整地在二维频率域处理数据，精确地处理距离 - 方位向耦合，因此适合宽孔径或大斜视角 SAR 数据成像。$\omega K$ 算法又称为波数域算法，最初是采用波传播方程的形式推导出来的[4]。该算法之所以称为 $\omega K$ 算法，是由于其在二维频域对信号进行处理，其中一维是距离角频率 $\omega$，另一维是方位波数 $K$。在满足速度恒定的条件下，$\omega K$ 算法具有在宽孔径或大斜视角范围内校正沿距离向的距离徙动变化的能力。自从 $\omega K$ 算法出现以来，已经用在了条带模式、聚束模式和干涉数据的处理上。同时，它也被用于一种介于条带和聚束之间的混合模式中。

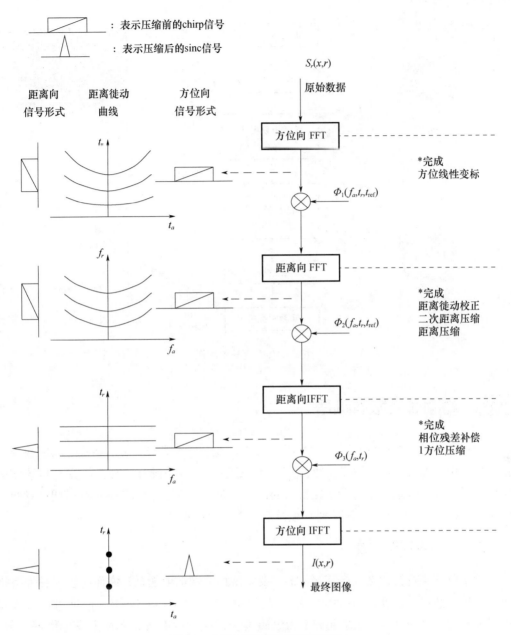

图 2.7   调频变标算法流程示意图

$\omega K$ 算法流程图如图 2.8 所示，通过二维 *FFT* 将 SAR 信号变换到二维频域后，参考函数进行相乘，这是 $\omega K$ 算法的第一个关键聚焦步骤。参考函数根据选定的距离（通常为测绘带中心）来计算，经过参考函数相乘，参考距离处的目标得到了完全聚焦，但非参考距离处的目标仅得到了部分聚焦。此步骤称为"一致聚焦"。之后进行 Stolt 插值，这是 $\omega K$ 算法的第二个关键步骤。它在距离频域用插值操作完成非参考距离处的目标聚焦。此步骤称为"补余聚焦"。最后，通过二维 *IFFT* 将信号变回时域，得到重建图像。

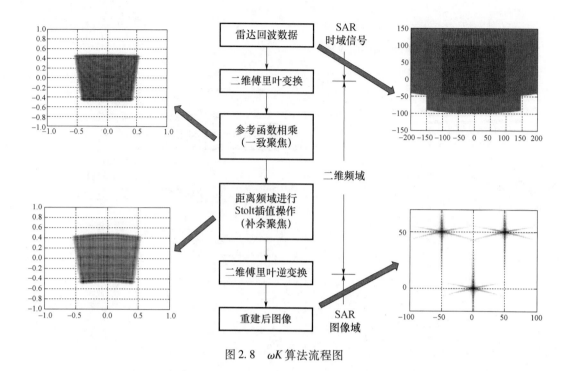

图 2.8　$\omega K$ 算法流程图

## 2.2　海面微波散射机理

海面微波散射模型实际是建立海面后向散射截面与海浪谱及雷达参数之间的映射关系。但是由于 SAR 海面后向散射的过程非常复杂，目前还没有一种能够完全描述海面微波散射特征的模型。描述随机粗糙海面的雷达散射模型主要有 Kirchhoff 散射模型[5]、Bragg 散射模型（小扰动散射模型）以及双尺度表面模型等。

### 2.2.1　海面粗糙度

对于单站侧视雷达而言，其测量的主要是海面后向散射能量，海面的粗糙程度直接决定了后向散射的强度。当海面起伏平均垂直高度 $h_r \leqslant \lambda \cos\theta / 4\pi$ 时，海面可以看作是相对光滑的，其中 $\theta$ 表示入射角，$\lambda$ 为电磁波长，此时电磁波在海面上发生镜面反射，后向散射能量很小；当 $h_r \geqslant \lambda \cos\theta / 4\pi$ 时，电磁波在海面发生漫散射，此时入射到海面的电磁波主要发生散射作用。而通常情况下，SAR 所接收到的海面回波既有镜面反射能量又有散射能量，对于顺轨干涉 SAR 而言，其一般工作在单站侧视模式，入射角通常在 20°~60°之间，因此顺轨干涉 SAR 主要接收的是来自海面的后向散射能量。

海面是随机表面，其粗糙度可以通过海表面均方根波高、海表面相关长度和波浪谱来度量：

（1）海表面均方根波高

$$\sigma_{\zeta}^2 = \iint \psi(\mathbf{k}) \, \mathrm{d}\mathbf{k}$$

（2.22）

式中：$\sigma_\zeta$ 为均方根波高；$\psi(\mathbf{k})$ 为海浪波数谱，$\mathbf{k}=(k_x,\ k_y)$ 为波数矢量。可以根据 Rayleigh 准则，将 $\sigma_\zeta < \dfrac{\lambda}{8\cos\theta}$ 的海面称为光滑海面；否则为粗糙海面；也可以采用以下的三分法[6]，即认为 $\sigma_\zeta \le \dfrac{\lambda}{25\cos\theta}$ 时的海面为光滑海面，$\sigma_\zeta \ge \dfrac{\lambda}{4\cos\theta}$ 时的海面为粗糙海面，介于两者之间的为中等粗糙海面。

（2）海表面相关长度

$$\rho(x) = \frac{\int_{-L_x/2}^{L_x/2} \zeta(x')\zeta(x+x')\,\mathrm{d}x'}{\int_{-L_x/2}^{L_x/2} \zeta^2(x')\,\mathrm{d}x'} \tag{2.23}$$

式中：$\rho(x)$ 为海表面位移的自相关函数；$x$ 为海面两点间距；$L_x$ 为海面尺寸；定义海表面相关长度 $l$ 满足 $\rho(l)=1/e$，$l$ 值越小，表明海面越粗糙。

（3）波浪谱

通常认为，海面位移是一个随时间和空间变化的随机过程，而海浪谱是海面位移协方差的傅里叶变换，其描述了海浪不同组成波的能量分布情况。假设海面位移是随时空变化的三维平稳随机场，则海浪谱可以表示为

$$X(\mathbf{k},\omega) = \frac{1}{(2\pi)^3} \iiint \langle \zeta(\mathbf{x},t)\zeta(\mathbf{r}+\mathbf{r},t+\tau)\rangle \exp[-j(\mathbf{k}\cdot\mathbf{r}-\omega\tau)]\,\mathrm{d}\mathbf{r}\,\mathrm{d}\tau \tag{2.24}$$

式中：$\langle\cdot\rangle$ 表示统计平均；$\zeta$ 为波面相对平均海面的铅直位移；$\mathbf{x}=(x,\ y)$ 为海浪的空间坐标；$\mathbf{k}=(k_x,\ k_y)$ 为二维波数矢量。

由于雷达脉冲长度与海浪周期相比很小，所以在电磁波与海面交互过程中，可以假设海面处于"瞬凝"状态，即仅考虑海面位移随空间变化，忽略随时间的变化，此时获得的海浪谱称为波数谱或者方向谱，其表达式为

$$\psi(\mathbf{k}) = \frac{1}{(2\pi)^2} \iint \langle \zeta(\mathbf{x})\zeta(\mathbf{x}+\mathbf{r})\rangle \exp(-j\mathbf{k}\cdot\mathbf{r})\,\mathrm{d}\mathbf{r} \tag{2.25}$$

在实际应用中，通常认为海浪波数谱为实数，此时海浪波数谱与海面位移协方差间的关系为

$$\Phi(\mathbf{k}) = \frac{1}{(2\pi)^2} \iint \langle \zeta(\mathbf{x})\zeta(\mathbf{x}+\mathbf{r})\rangle \cos(\mathbf{k}\cdot\mathbf{r})\,\mathrm{d}\mathbf{r} \tag{2.26}$$

两种海浪波数谱间的对应关系为

$$\Phi(\mathbf{k}) = \frac{1}{2}[\psi(\mathbf{k})+\psi(-\mathbf{k})] \tag{2.27}$$

也可以将 $\psi(\mathbf{k})$ 表示成波数及波浪传播方向的函数形式，即 $\psi(k,\theta)$，其中 $k=\sqrt{k_x^2+k_y^2}$，$\theta=\tan^{-1}(k_y/k_x)$。

在实际海洋中，海表面每一点的位移变化是本地产生的风浪以及从其他地方传播过来的波浪相互作用的结果。这些波来自不同方向，它们的相互作用使得海面非常复杂，难以通过理论分析获得精确的海浪谱模型。目前，国际上海浪谱模型很多，这些海浪谱大多是对海事试验观测结果分析拟合得到的经验谱或半经验谱，如 Pierson - Moscowitz（P - M）谱是对北大西洋充分成长型海浪观测资料分析及拟合的结果，JONSWAP 谱是对

北海深海区域海浪观测资料分析及拟合的结果。但是，早期的海浪谱模型主要针对大尺度波浪谱，在小尺度波范围内不太精确，然而海面电磁散射却对小尺度波谱段最为敏感，所以这些海浪谱模型不太适合海面微波散射建模。

近 10 年来，为了满足海洋微波遥感和海面电磁散射仿真的需要，许多学者建立了新的海浪谱模型，如 Romeiser 和 Alpers 建立的 R 谱、Elfouhaily 等建立的 E 谱和 Plant 建立的 D 谱等。相对于早期的海浪谱模型，这些模型对小尺度波部分进行了更精确的测量和拟合。

### 2.2.2 经验化散射模型

在大量散射计和 SAR 观测数据的基础上，依据数值拟合方法，得到了雷达散射强度与入射角、风速、风向等之间的关系，典型的包括 LMOD、CMOD、XMOD、KuMOD、KaMod 等地球物理模型，是依据大量的散射测量值与风速测量值之间建立的经验拟合模型，其精度较高（一般在 1~2 dB 以内），但是参数范围较窄。

经验模型通常可以表示为如下形式

$$\sigma^{\circ} = A_0(w,\theta)\left[1 + A_1(w,\theta)\cos\varphi + A_2(w,\theta)\cos 2\varphi\right] \tag{2.28}$$

式中：$\omega$ 为风速，$\theta$ 为入射角，$\varphi$ 为风向，$A_0$、$A_1$、$A_2$ 分别为拟合函数，各个不同的模型拟合常数不一样。图 2.9 给出了 LMOD、CMOD、XMOD 等典型模型的拟合系数。

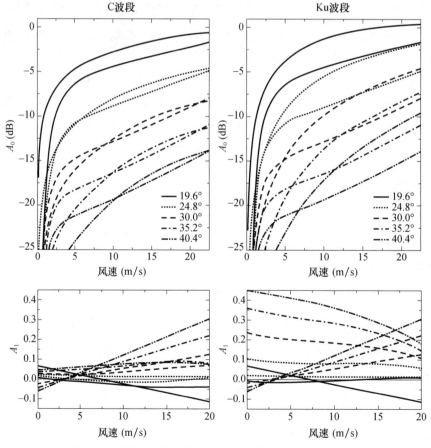

图 2.9　不同地球物理模型在典型环境参数下的拟合系数

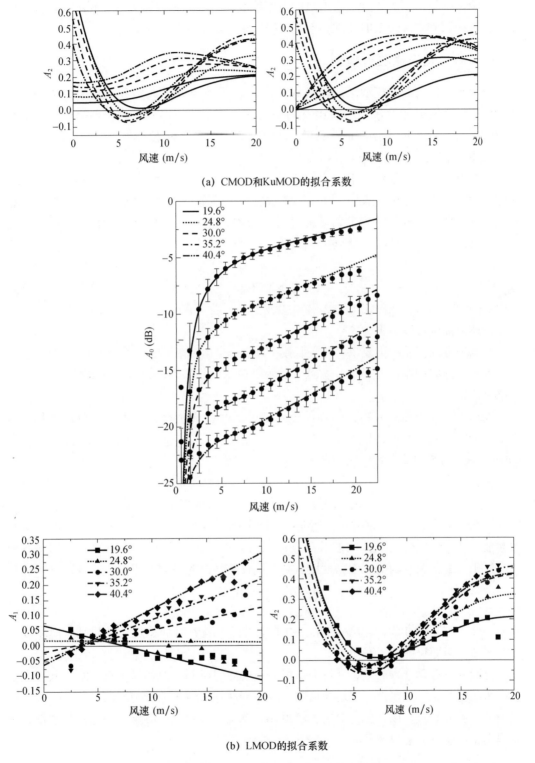

(a) CMOD和KuMOD的拟合系数

(b) LMOD的拟合系数

图 2.9 不同地球物理模型在典型环境参数下的拟合系数（续）

经验化散射模型的优点是平均散射强度精度高，但这种模型无法仿真出海面波浪和流场等各种调制效应带来的纹理，不适合进行复杂场景的信号级仿真。

### 2.2.3　理论化散射模型

海面微波后向散射模型解决了海面后向散射系数与海面波谱和雷达参数之间的关系。理论模型较典型及常用的模型有物理光学模型（基尔霍夫法）、布拉格散射模型（小扰动法）、双尺度组合表面模型等。这些模型各有不同的适用范围。

1. 基尔霍夫模型

当表面的曲率半径远大于雷达波长时，表面场可以用表面各点切平面的场来近似。因此，大尺度重力波平坦表面产生的准镜像反射是近垂直入射区间的主要散射机制。用表面场的切平面来近似得到散射场的过程称为物理光学法（Physical Optics）或者基尔霍夫法（Kirchhoff method）。物理光学法应用于散射的条件是

$$kl > 6 \tag{2.29}$$

$$l^2 > 2.76\sigma\lambda \tag{2.30}$$

式中：$k$ 是波数，$l$ 是相关长度，$\lambda$ 是电磁波长，$\sigma$ 表面高度标准方差。

上述条件也可以解释为

- 水平方向上粗糙度要求：相关长度 $l$ 大于一个电磁波长；
- 垂直方向的粗糙度要求：表面高度标准方差 $\sigma$ 足够小，使得平均曲率半径大于一个电磁波长。

Barrick 得到有限传导粗糙表面的散射结果。他在文中指出，表面上单位面积的截面正比于粗糙表面坡度的联合概率密度 $p(\xi_x, \xi_y)$。$\xi_x$ 和 $\xi_y$ 是两个正交方向的坡度。Barrick 得到的单位面积后向散射截面为：

$$\sigma_{BA} = \pi \sec^4\theta p(\xi_x, \xi_y) \mid_{sp} \times |R(0)|^2 \tag{2.31}$$

式中：$R(0)$ 是垂直入射的菲涅耳反射系数。坡度的概率密度在每个镜面反射点计算。因此，只有正交于入射方向的平面才对后向散射有贡献。从式（2.31）中可以看出，后向散射独立于入射电磁波的波长和极化，而只依赖于菲涅耳反射系数和平均平方坡度。对于一个各向均匀的表面高度服从高斯统计特性的粗糙表面来说，式（2.31）变为

$$\sigma_I(\theta) = \frac{\sec^4\theta}{s^2}\exp\left\{-\frac{\tan^2\theta}{s^2}\right\}|R(0)|^2 \tag{2.32}$$

式中：$s^2$ 是坡度的方差，$\theta$ 是入射角。由上式可见，随着海面粗糙度的增加，海面坡度方差增加，镜面反射信号减小。

海面波在近垂直入射时，准镜面反射为主要散射机制。但远离垂直入射，散射由小尺度粗糙度产生。越接近低擦地角区间，散射特性越来越多地受到波浪破碎、喷溅、泡沫等二次散射效应，以及更主要的大浪顶部对波纹遮挡效应的影响。因此，基尔霍夫法只适用于近垂直入射角区间。

2. Bragg 散射模型（小扰动法）

1955 年，Crombie 将波长为 22.1 m 的无线电波射向粗糙海面时，发现该无线电波与海面特定波长的水波发生共振现象，这就是所谓的 Bragg 散射[7]，如图 2.10 所示。

发生谐振的水波称为布拉格波，布拉格波波数与电磁波波数满足如下关系：

$$k_B = 2k\sin\theta \tag{2.33}$$

式中：$k_B = 2\pi/\lambda_B$ 为布拉格波波数，$k = 2\pi/\lambda$ 为入射电磁波波数，$\theta$ 为电磁波入射角。

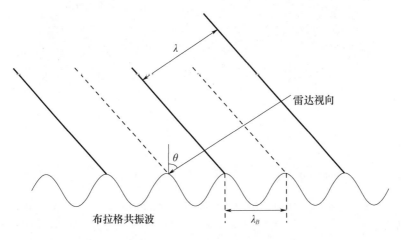

图 2.10　布拉格波共振图示

后来，Wright 发现 3 cm 电磁波的后向散射与极化方式有关。垂直极化的回波比水平极化的回波要大，而且比率随着入射角和相对介电常数的增加而增加。他发现只有波数为 $2k_0\sin\theta$ 平行于雷达视线传播的海波对后向散射有贡献。根据电磁散射扰动理论，海面一阶的单位面积后向散射截面为

$$\sigma_{pq}^{(1)}(\theta)_{ij} = 4\pi k^4 \cos^4\theta \left| g_{ij}^{(1)}(\theta) \right|^2 W(2k\sin\theta, 0) \tag{2.34}$$

$W(\cdot)$ 是表面粗糙度的二维波谱密度。其中，极化因子如下：

$$g_{HH}^{(1)}(\theta) = \frac{(\varepsilon_r - 1)}{\left[ \cos\theta + (\varepsilon_r - \sin^2\theta)^{1/2} \right]^2} \tag{2.35}$$

$$g_{VV}^{(1)}(\theta) = \frac{(\varepsilon_r - 1)\left[ \varepsilon_r(1 + \sin^2\theta) - \sin^2\theta \right]}{\left[ \varepsilon_r\cos\theta + (\varepsilon_r - \sin^2\theta)^{1/2} \right]^2} \tag{2.36}$$

式中：$\varepsilon_r$ 是海水的相对介电常数。该模型中的海面电磁波后向散射只取决于波浪谱密度中的布拉格分量，该模型只适用于微粗糙表面。当表面粗糙度幅度增加，二阶甚至高阶分量贡献变得重要，该模型便不再适用。

3. 双尺度组合表面模型

由于海面实际是由连续分布尺度的波浪组成的，但为了理论研究方便，大家普遍认为海面同时包括两种尺度的波浪，一种比入射电磁波长，另一种比入射电磁波短，如图 2.11 所示[8]。

Valenzuela 认为，海面由无数个微粗糙小平面组成[9]。小平面按照海面主要长波的坡度分布，后向散射功率密度是每个微粗糙小平面后向散射功率的平均。如果最初微粗糙小平面是水平的，电磁波入射平面在垂直平面内，入射角为 $\theta$。那么当长重力波经过时，小平面的法线在入射平面内偏离垂直方向 $\psi$ 角度，在入射平面的垂直平面内偏离垂直方向 $\delta$ 角度。单位面积的微粗糙小平面的后向散射截面为

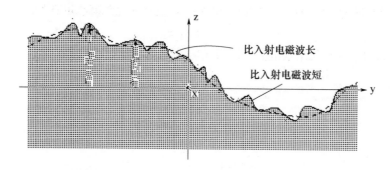

图 2.11　双尺度波浪示意图

水平极化：

$$\sigma_0(\theta_i)_{HH} = 4\pi k^4\cos^4\theta_i \left| \left( \frac{\sin(\theta+\psi)\cos\delta}{\sin\theta_i} \right)^2 g_{HH}^{(1)}(\theta_i) + \left( \frac{\sin\delta}{\sin\theta_i} \right)^2 g_{VV}^{(1)}(\theta_i) \right|^2$$

$$\times W[2k\sin(\theta+\psi),2k\cos(\theta+\psi)\sin\delta] \tag{2.37}$$

垂直极化：

$$\sigma_0(\theta_i) = 4\pi k^4\cos^4\theta_i \left| \left( \frac{\sin(\theta+\psi)\cos\delta}{\sin\theta_i} \right)^2 g_{VV}^{(1)}(\theta_i) + \left( \frac{\sin\delta}{\sin\theta_i} \right)^2 g_{HH}^{(1)}(\theta_i) \right|^2$$

$$\times W[2k\sin(\theta+\psi),2k\cos(\theta+\psi)\sin\delta] \tag{2.38}$$

交叉极化：

$$\sigma_0(\theta_i) = \sigma_0(\theta_i)_{HV}$$

$$= 4\pi k^2\cos^4\theta_i \left( \frac{\sin(\theta+\psi)\sin\delta\cos\delta}{\sin^2\theta_i} \right)^2 |g_{VV}^{(1)}(\theta_i) - g_{HH}^{(1)}(\theta_i)|^2$$

$$\times W[2k\sin(\theta+\psi),2k\cos(\theta+\psi)\sin\delta] \tag{2.39}$$

布拉格波数变为

$$k_B = 2k_e\sqrt{\sin^2(\theta+\psi) + \cos^2(\theta+\psi)\sin^2\delta} \tag{2.40}$$

由上面的式子可以得到海面单位面积的后向散射截面：

$$\sigma_0^{sea}(\theta)_{ij} = \int_{-\infty}^{\infty} \mathrm{d}(\tan\psi) \int_{-\infty}^{\infty} \mathrm{d}(\tan\delta)\sigma_0(\theta_{ij})p(\tan\psi,\tan\delta) \tag{2.41}$$

式中：$p(\tan\psi,\tan\delta)$ 是海面大尺度粗糙度坡度的联合概率密度函数。

　　Valenzuel 把该模型结果与美国海军实验室得到的截面数据进行比较，发现该模型不能定量地解释高频段和低擦地角区间的雷达后向散射特征。复合表面原理是对微粗糙模型的改进，它把表面波仍然看作微粗糙表面，长波的影响是对短波的抬升和倾斜。复合表面模型表明，雷达截面正比于短波谱密度，但与微粗糙模型不同的是，在复合表面模型中对散射有贡献的短波是一段在名义布拉格波长附近的波，而不是单一的布拉格谱分量。当倾斜角 $\psi$，$\delta$ 很小时双尺度复合表面模型与微粗糙模型结论相同。

## 2.3　海面 SAR 成像机理

　　由于海面运动的复杂性以及海面电磁散射理论模型的局限性，使得 SAR 对海面成像的机理变得相当复杂。经过大量的理论研究和试验表明，在中等入射角范围（20° < $\theta$ < 70°），SAR 海面散射是由海面微尺度波引起的 Bragg 散射能量占主体的回波信号[10]。SAR 图像反映的实际是海面 Bragg 波的空间分布状况，其他尺度的海洋现象主要是通过倾斜调制、距离聚束调制、流体力学调制以及速度聚束调制等来改变 Bragg 波的空间分布，从而使得其在 SAR 图像上"可见"[11]。

SAR 对海洋成像的调制传递函数（Modulation Transform Function，MTF）反映了海浪谱与 SAR 图像间的对应关系。在线性范围内，SAR 对海洋成像的调制传递函数等于倾斜调制、流体动力学调制以及速度聚束调制之和，即

$$T_{SAR} = T_{tilt} + T_{hydr} + T_{vb} \tag{2.42}$$

这时，海浪波高谱 $\psi(\mathbf{k})$ 与 SAR 图像谱 $\psi_{SAR}(\mathbf{k})$ 间的对应关系为

$$\psi(\mathbf{k}) = |T_{SAR}|^2 \psi_{SAR}(\mathbf{k}) \tag{2.43}$$

### 2.3.1　倾斜调制

产生倾斜调制的原因是长波波面不同位置处的微尺度波有不同的局地入射角（如图 2.12 所示），从而使得不同局地坐标处有不同的局地 Bragg 波数矢量，是一种纯粹的几何作用。

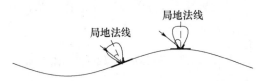

图 2.12　倾斜调制示意图

倾斜调制的大小与微尺度波能量谱分布以及入射角有关。根据 Bragg 散射理论以及双尺度散射模型，倾斜调制的调制函数可以通过下式给出：

$$T_{tilt} = j \cdot \frac{4k_l \cot\theta}{1 \pm \sin^2\theta} \tag{2.44}$$

式中：正负号分别对应 VV 极化和 HH 极化；$k_l$ 为长波波数在雷达视向上的分量。

倾斜调制是一种线性调制，最大的调制发生在迎着天线照射的波面。

### 2.3.2　距离聚束调制

假设海面上坐标为 $[x, y]$，波高为 0 时所对应的斜距为 $r$，则当波高为 $h$ 时所对应的斜距为 $r - h\cos\theta$。在斑点噪声效应忽略不计时，RAR 图像强度可以表示为

$$I(x_0, r_0) \propto \int_{x_0-\frac{\rho_a}{2}}^{x_0+\frac{\rho_a}{2}} \int_{r_0-\frac{\rho_r}{2}}^{r_0+\frac{\rho_r}{2}} \sigma(x, r - h\cos\theta) dx dr \tag{2.45}$$

式中：$\rho_a$、$\rho_r$ 分别为方位向和斜距向分辨率。$x$ 为目标的方位向位置，$\sigma(x, r)$ 为目标散射系数。

令 $r' = r - h\cos\theta$，则

$$I(x_0, r_0) \propto \int_{x_0-\frac{\rho_a}{2}}^{x_0+\frac{\rho_a}{2}} \int_{r_0-\frac{\rho_r}{2}}^{r_0+\frac{\rho_r}{2}} \sigma(x, r')(1 + Z_y \operatorname{ctg}\theta) dx dr' \tag{2.46}$$

式中：$y$ 为雷达视向在水平面的投影。$Z_y$ 为波高 $h$ 在 $y$ 方向的坡度。

令 $\sigma_0(x_0,\ r_0)$、$Z_y(x_0,\ r_0)$ 为分辨单元的平均散射和平均 $y$ 方向坡度，则

$$I(x_0,r_0) \propto \sigma_0(x_0,r_0)\left[1 + Z_y(x_0,r_0)\mathrm{ctg}\theta\right] \tag{2.47}$$

因此，SAR 图像强度除了和散射系数有关，还与 $y$ 方向坡度有关，与 $y$ 方向坡度有关的调制项被称为距离向聚束调制。表示为波数域的形式为

$$R^{rb}(\vec{\mathbf{k}}) = ik_y\mathrm{ctg}\theta \tag{2.48}$$

### 2.3.3 流体力学调制

海面上的微尺度波并不是均匀分布的，大尺度波的不同部分对微尺度波的幅度产生调制作用（如图 2.13 所示）：在大尺度波波峰附近，微尺度波振幅随着辐聚表面流场在大尺度波上升边缘的推移而增加；在大尺度波波谷附近，微尺度波振幅随着辐散表面流场在大尺度波下降边缘的移动而相应减小。大尺度波对微尺度波的这种调制作用称为流体动力学调制，其改变了微尺度波的局地波高谱。

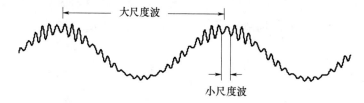

图 2.13　流体动力学调制示意图

根据弱流体动力作用理论和双尺度组合表面模型，Alpers 和 Hasselmann 给出了流体动力学调制传递函数[12]：

$$T_{hydr} = \frac{\omega - j\mu}{\omega^2 + \mu^2}\frac{\omega}{|\mathbf{k}_l|}\left[(\mathbf{k}_l\cdot\mathbf{k}_b)\left(\frac{\mathbf{k}_b}{\psi(\mathbf{k}_b)}\cdot\frac{\partial\,\psi(\mathbf{k}_b)}{\partial\,\mathbf{k}_b}\right) - \frac{\mathbf{k}_l\cdot\mathbf{k}_b}{2|\mathbf{k}_b|^2}\right] \tag{2.49}$$

式中：$\omega$ 为大尺度波角频率；$\mu$ 为松弛率，反映微尺度波生成和衰减的快慢；$\mathbf{k}_l$ 为大尺度波波数矢量；$\mathbf{k}_b$ 为微尺度波波数矢量；$\psi(\mathbf{k}_b)$ 为微尺度波的波高谱。

如果微尺度波波高谱满足 Phillips 指数关系，即 $\psi(\mathbf{k}) \sim |\mathbf{k}|^{-4}$ 时，式（2.49）可以简化为：

$$T_{hydr} = -4.5|\mathbf{k}_l|\omega\frac{\omega - j\mu}{\omega^2 + \mu^2}\cos^2(\mathbf{k}_l,\mathbf{k}_b) \tag{2.50}$$

可见，对于沿距离向传播的海浪 $\left[\cos^2(\mathbf{k}_l,\ \mathbf{k}_b) = 1\right]$，流体动力学调制 $|T_{hydr}|$ 最大；对于沿方位向传播的海浪 $\left[\cos^2(\mathbf{k}_l,\ \mathbf{k}_b) = 0\right]$，流体动力学调制 $|T_{hydr}|$ 最小。流体动力学调制也是一种线性调制。

### 2.3.4 速度聚束调制

速度聚束是由于合成孔径时间内海面运动引起的。海面运动会对 SAR 图像产生两种效果：目标在 SAR 图像方位向上的模糊展宽以及目标在 SAR 图像上方位向的位移。对于星载 SAR 来说，海面运动速度一般远小于卫星平台速度，目标运动导致的方位向

模糊展宽量通常要小于 SAR 分辨率，所以可以把这种模糊展宽看成是 SAR 系统传递函数模糊的一种统计过程。如果仅仅考虑目标运动引起的方位向偏移，SAR 图像可以简单认为是 RAR 图像中位置 $x_0$ 处的点搬移到 $x_0 = x - \dfrac{R}{V}u_r\,(x)$ 处的结果：

$$
\begin{aligned}
I^{SAR}(x_0) &= \int I^{RAR}(x)\delta\left[x_0 - x + \frac{R}{V}u_r(x)\right]\mathrm{d}x \\
&= \left|1 - \frac{R}{V}\frac{\mathrm{d}u_r}{\mathrm{d}x}\right|^{-1} I^{RAR}(x)\,|_{x = x_0 + \frac{R}{V}u_r(x)}
\end{aligned}
\tag{2.51}
$$

式中：$R$ 为平台到目标的斜距；$V$ 为平台运动速度；$u_r$ 为大尺度波轨道速度的径向分量。对于海面来说，大尺度波的轨道速度会引起局部散射单元径向运动速度分量分布不均匀（$\mathrm{d}u_r/\mathrm{d}x \neq 0$），使得大尺度波上升面和下降面偏离尺度以及偏离方向等不同，从而导致 SAR 图像上产生类似"波浪状"的亮暗条纹（如图 2.14 所示）。速度聚束调制使得海面波浪与 SAR 图像间呈现一种非线性映射关系，且 $\left|\dfrac{R}{V}\dfrac{\mathrm{d}u_r}{\mathrm{d}x}\right|$ 的值越大，非线性越明显。

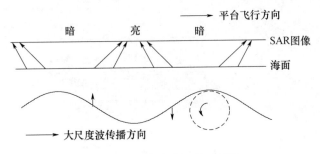

图 2.14　速度聚束调制示意图

当 $\left|\dfrac{R}{V}\dfrac{\mathrm{d}u_r}{\mathrm{d}x}\right| = 1$ 时，速度聚束调制可以近似为一线性过程，此时速度聚束调制的传递函数为

$$
T_{vb} = -\frac{R}{V}k_x\omega\left(\cos\theta - j\sin\theta\,\frac{k_y}{k}\right)
\tag{2.52}
$$

式中：$k_x$ 和 $k_y$ 分别为大尺度波在雷达方位向和距离向的波数分量；$\theta$ 为雷达入射角。

速度聚束调制是 SAR 对海洋成像时特有的一种调制机制，使得 SAR 不仅能够观测到沿距离向传播的海浪，而且能够观测到沿方位向传播的海浪。而 RAR 和散射计只能观测到沿距离向传播的海浪。

## 2.4　干涉 SAR 海洋流场观测机理

1987 年，美国 JPL 的 Goldstein 和 Zebker[13] 首次提出利用顺轨干涉技术测量海表流场，其基本原理是沿飞行方向放置的两个天线获得的 SAR 复图像的相位差与海面后向散射信号的 Doppler 中心偏移成正比，进而可以提取海表流场信息。理论上来讲，顺轨干涉 SAR 获得的 Doppler 流场的分辨率可以与 SAR 图像本身的分辨率相比拟，即可以达到米量级[14]。但实际中由于系统噪声以及数据处理等因素，分辨率将进一步降低。本节将对干涉 SAR 海面测速精度和相位成分进行讨论和分析。

### 2.4.1　干涉 SAR 测速原理

顺轨干涉 SAR 通过在平台方向上放置的两个天线对同一场景进行成像，由于两个天线存在成像延时，从而使得两幅 SAR 复图像对应像素间存在相位差，这个相位差与成像时分辨单元内的平均径向速度有关。考虑如图 2.15 所示的天线构型，两天线间的有效顺轨基线为 $B$，平台运动速度为 $V$，则两天线对场景内同一目标成像延时 $\Delta t = B/V$（如果两天线独立发射和接收信号，则有效基线长度等于实际物理基线长度；如果采用单天线发射，双天线同时接收的双站模式，则两天线间的有效基线长度为实际物理基线长度的一半）。

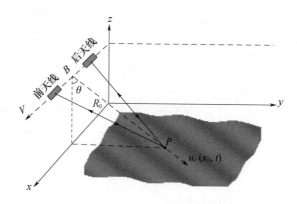

图 2.15　顺轨干涉 SAR 对表面流场成像示意图

假设海面某一散射体 $P(x_0,y_0)$ 的径向速度分量为 $\nu_r$（这里定义目标远离雷达时速度为正），则在成像延时 $\Delta t$ 内，散射体在雷达视线方向上的运动距离为

$$\Delta R = \nu_r \Delta t \tag{2.53}$$

则两个天线形成的 SAR 复图像对应像素上的干涉相位可以表示为

$$\phi = \arg\left[I_{aft}(t+\Delta t)I_{fore}^*(t)\right] = -\frac{4\pi}{\lambda}\nu_r\Delta t \tag{2.54}$$

式中：$I_{fore}$ 和 $I_{aft}$ 分别表示前后两个天线获得的 SAR 复图像，$\lambda$ 为雷达波长，$\arg(\cdot)$ 表示取相位。根据式（2.54）可以看到，只要根据两幅 SAR 复图像得到干涉相位图，就可以直接获得海面的径向速度，即

$$v_r = -\frac{\lambda}{4\pi\Delta t}\phi \tag{2.55}$$

则散射体的水平运动速度可以通过下式计算

$$u = \frac{\nu_r}{\sin\theta_i} \tag{2.56}$$

式中：$\theta_i$ 为入射角。

上述对顺轨干涉 SAR 海洋流场测速原理的描述是最为直观的物理解释，事实上，

还可以从多普勒频移的角度去理解顺轨干涉的本质。根据多普勒效应原理,当发射者相对于观测者存在相对速度时,那么观测者接收到的信号就会产生多普勒频移,而 SAR 所接收的海面信号由于目标的径向运动也产生了多普勒频移,同时,由于 SAR 既作为发射者又作为观测者,所以其接收到的海面回波信号的多普勒频移可表示为

$$f_d = \frac{2\nu_r}{\lambda} \tag{2.57}$$

根据多普勒频移原理,式 (2.54) 已改写为

$$\phi_{ATI} = -2\pi \cdot \frac{2\nu_r}{\lambda} \cdot \Delta t = -\omega_d \Delta t \tag{2.58}$$

式中:$\omega_d = 2\pi f_d$ 为多普勒频移的角频率形式。所以分辨单元在顺轨时延内的干涉相位可以看作由多普勒频移所引起的,而事实上,SAR 海面分辨单元并不能简单地看作单点目标,分辨单元内海面多个散射单元的随机运动共同决定了回波信号的多普勒谱特征,而多普勒谱,或者说功率谱,则直接决定了海面信号的统计特征。

随机信号的功率谱与其自相关函数为一对傅里叶变换对,海面回波信号的自相关函数可以表示为

$$\gamma(\tau) = \frac{1}{\sqrt{2\pi}} \int_{-\infty}^{\infty} e^{j\omega\tau} S(\omega) \mathrm{d}\omega \tag{2.59}$$

式中:$S(\omega)$ 为海面回波信号的功率谱。当 $S(\omega)$ 在其频谱内满足 $\omega\tau = 1$ 时,则式 (2.59) 重新表示为

$$\gamma(\tau) \approx \frac{1}{\sqrt{2\pi}} \int_{-\infty}^{\infty} (1 + j\omega\tau) S(\omega) \mathrm{d}\omega \tag{2.60}$$

根据式 (2.60),海面回波信号自相关函数的相位可表示为

$$\arg[\gamma(\tau)] = \tau \frac{\int_{-\infty}^{\infty} \omega S(\omega) \mathrm{d}\omega}{\int_{-\infty}^{\infty} S(\omega) \mathrm{d}\omega} = \overline{\omega}\tau \tag{2.61}$$

式中:$\overline{\omega}$ 可定义为平均多普勒频率。一般海面回波信号的功率谱满足高斯分布,所以 $\overline{\omega}$ 也可以等价为多普勒中心频率 $\omega_d$。结合式 (2.58) 和式 (2.61) 可知,顺轨干涉相位也可以看作是回波信号多普勒中心偏移所导致,但应当注意的是,式 (2.61) 是在 $\omega\tau = 1$ 的假设前提下获得的,其中包含了一个约束条件,即干涉时延必须足够短。

王小青等[15] 证明在 $\omega\tau \ll 1$ 不满足的情况下,干涉测量得到的多普勒频率与理论上的多普勒中心频率并不相等,干涉测量得到的多普勒频率可以表示为一系列回波信号功率谱的高阶统计的组合。

$$\omega_b = \frac{\arg[\gamma(\tau)]}{\tau} = \sum_{k=1}^{\infty} \frac{1}{(2k+1)!} \phi^{(2k+1)}(0) \tau^{2k} \tag{2.62}$$

$$\phi^{(n)}(0) = \mathrm{Im}\left[\left.\frac{\mathrm{d}^n \ln\gamma(\tau)}{\mathrm{d}\tau^n}\right|_{\tau=0}\right] \tag{2.63}$$

式中:$\phi^{(n)}(0)$ 表示为一系列回波功率谱的高阶矩的组合,例如

$$\phi^{(3)}(0) = \mathrm{Im}\left[\left.\frac{\mathrm{d}^3 \ln p(\tau)}{\mathrm{d}\tau^3}\right|_{\tau=0}\right] = 3\omega_{d2}\omega_{d1} - 2\omega_{d1}^3 - \omega_{d3} \tag{2.64}$$

$$\phi^{(5)}(0) = \mathrm{Im}\left[\frac{\mathrm{d}^5 \ln p(\tau)}{\mathrm{d}\tau^5}\bigg|_{\tau=0}\right] = \omega_{d5} - 5\omega_{d4}\omega_{d1} - 10\omega_{d3}\omega_{d2} + 20\omega_{d3}\omega_{d1}^2$$
$$+ 30\omega_{d2}^2\omega_{d1} - 60\omega_{d2}\omega_{d1}^3 + 24\omega_{d1}^5 \qquad (2.65)$$

式中：$\omega_{dn} = \dfrac{\int \omega^n S(\omega)\,\mathrm{d}\omega}{\int S(\omega)\,\mathrm{d}\omega}(n = 1,2,\cdots)$ 为回波多普勒谱的高阶矩。

顺轨干涉时延是一个十分重要的参数，时延很短时，海面随机运动去相干很小，但是对于较小的海面流速检测不敏感，导致流场相位过小，甚至可能被相位噪声湮没；时延很长时，可以很好地检测较小的海面流速，但同时海面去相干效应加重，导致流场相位随机性较大。因此干涉时延，或者说干涉基线长度的设计很大程度上决定了顺轨干涉 SAR 的流场探测性能。

### 2.4.2 干涉 SAR 海面测速精度分析

顺轨干涉 SAR 的测速精度主要与干涉相位精度有关，即

$$\sigma_{u_{h(\varphi)}} = -\frac{\lambda V}{4\pi B \sin\theta_i}\sigma_\phi \qquad (2.66)$$

式中：$\lambda$ 为雷达波长；$V$ 为平台速度；$B$ 为有效基线长度；$\theta_i$ 为入射角；$\sigma_{u_h}$ 为水平流场的测速精度；$\sigma_\phi$ 为顺轨干涉相位精度。

在单视情况下，干涉相位的概率密度函数为

$$P(\phi) = \frac{1-|\gamma|^2}{2\pi[1-|\gamma|^2\cos^2(\phi-\phi_0)]}\left\{1 + \frac{|\gamma|\cos(\phi-\phi_0)\arccos[-|\gamma|\cos(\phi-\phi_0)]}{\sqrt{1-|\gamma|^2\cos^2(\phi-\phi_0)}}\right\}$$
$$(2.67)$$

式中：$\gamma$ 为相关系数；$\phi$ 为干涉相位；$\phi_0$ 为干涉相位期望值。

在多视情况下，干涉相位的概率密度函数可以表示为

$$P(\phi) = \frac{(1-|\gamma|^2)^N}{2\pi}\left\{\frac{\Gamma(2N-1)}{[\Gamma(N)]^2 2^{2(N-1)}} \times \left[\frac{(2N-1)\beta}{(1-\beta^2)^{l+0.5}}(0.5\pi + \arcsin\beta) + (1-\beta^2)^{-N}\right]\right\}$$
$$+ \frac{1}{2(N-1)}\sum_{i=0}^{N-2}\frac{\Gamma(N-0.5)}{\Gamma(N-0.5-i)}\frac{\Gamma(N-1-i)}{\Gamma(N-1)}\frac{1+(2i+1)\beta^2}{(1-\beta^2)^{i+2}} \qquad (2.68)$$

式中：$N$ 为多视数；$\beta = |\gamma|\cos(\phi-\phi_0)$；$\Gamma(\cdot)$ 为 Gamma 函数，其表达式为

$$\Gamma(N) = \begin{cases} \int_0^\infty t^{N-1}e^{-t}\mathrm{d}t & N \text{ 为实数} \\ (N-1)! & N \text{ 为正整数} \end{cases} \qquad (2.69)$$

则干涉相位精度为

$$\sigma_\phi = [E(\phi^2) - E^2(\phi)]^{1/2}$$
$$= \left\{\int_{-\pi}^{\pi}\phi^2 P(\phi)\mathrm{d}\phi - \left[\int_{-\pi}^{\pi}\phi P(\phi)\mathrm{d}\phi\right]^2\right\}^{1/2} \qquad (2.70)$$

从式（2.68）和式（2.70）中可以看出，干涉相位精度主要受两个方面因素影响：多视数和干涉图的相关系数。下面以 JPL AIRSAR 的系统参数为例，分析顺轨干涉 SAR 测速精度与多视数以及相关系数间的关系。表 2.1 给出了 AIRSAR 顺轨干涉模式的系统

参数，其中顺轨干涉模式采用后向天线发射，双天线同时接收的工作模式，此时有效基线长度为实际物理基线长度的一半。

表 2.1　JPL AIRSAR 顺轨干涉模式系统参数

|  | L 波段 | C 波段 |
|---|---|---|
| ATI 模式 | | 后向天线发射，双天线同时接收 |
| 波长 | 0.242 257 m | 0.056 698 m |
| 极化方式 | | VV |
| 平台高度 | | 8830 m |
| 平台速度 | | 216 m/s |
| 入射角 | | 40° |
| 物理基线 | 19.8 m | 1.93 m |
| NESZ* | −45 dB | −35 dB |

\* NESZ（Noise – Equiv Sigma Zero）等效噪声后向散射系数。

1. 多视数的影响

由于 SAR 是相干成像雷达，其图像不可避免地会受到斑噪（Speckle Noise）的影响。在进行干涉处理时，通常需要对复图像进行多视处理以降低斑噪。假设平台速度和基线长度测量准确，图 2.16 给出了 L 波段和 C 波段在不同视数情况下速度测量精度的变化曲线，计算时采用的相干系数为 $\gamma = 0.8$。

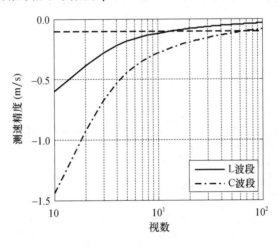

图 2.16　测速精度与多视数的关系

从图 2.16 中可以看出，多视处理能够提高顺轨干涉 SAR 的测速精度，在相干系数 $\gamma \geq 0.8$ 的情况下，采用单发双收的天线模式，AIRSAR 要达到 0.1 m/s 的测速精度，需要对 L 波段数据进行 15 视以上的多视处理，对 C 波段需要进行 70 视以上的多视处理。但是多视处理对测速精度的提高是以牺牲空间分辨率为代价的，通常情况下，对 SAR 复图像某一方向进行 $N$ 视处理，则该空间分辨率下降 $N$ 倍。

### 2. 相关系数的影响

顺轨干涉 SAR 对海洋进行成像时，影响相关系数的主要因素有系统信噪比、海面随机运动引起的去相关和图像配准精度等，其总的相关系数可以表示为

$$\gamma = \gamma_{SNR} \gamma_{ocean} \gamma_{coreg} \qquad (2.71)$$

式中：$\gamma_{SNR}$ 为信噪比引起的相关系数；$\gamma_{ocean}$ 为海面随机运动引起的相关系数；$\gamma_{coreg}$ 为图像配准引起的相关系数。

（1）海面随机运动的影响

由于海面随机运动导致的相关系数为

$$\gamma_{ocean} = e^{-\Delta t^2/\tau_s^2} \qquad (2.72)$$

式中：$\Delta t$ 为两个天线间的成像延时；$\tau_s$ 为海面相关时间，与海况和雷达参数有关。当海面波浪沿着雷达波束传播时，海面相关时间可以通过近似来计算[16]，即

$$\tau_s \approx 3 \frac{\lambda}{u_{wind}} erf^{-1/2} \left( 2.7 \frac{\rho}{u_{wind}^2} \right) \qquad (2.73)$$

式中：$\lambda$ 为雷达波长；$u_{wind}$ 为海面 10 m 高处的风速；$\rho$ 为雷达的空间分辨率；$2.7 \dfrac{\rho}{u_{wind}^2}$ 为无量纲的常数；$erf(\cdot)$ 为误差函数，其表达式为

$$erf(x) = \frac{2}{\sqrt{\pi}} \int_0^x e^{-t^2} \mathrm{d}t \qquad (2.74)$$

图 2.17 给出了分辨率为 30 m 情况下，L 波段和 C 波段的海面相关时间随海面风速的变化情况。从图 2.17 中可以看出，随着风速的增加，海面相关时间逐渐降低；当海面风速 $u_{wind} > 10$ m/s 时，L 波段的海面相关时间约为 100 ms，C 波段的海面相关时间约为 20 ms。

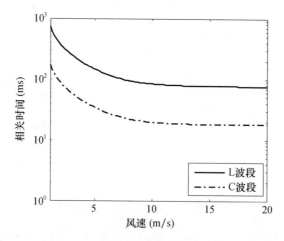

图 2.17　海面相关时间与风速的关系

图 2.18 给出了 L 波段和 C 波段相关系数以及测速精度随海面相关时间的变化曲线，其中图像配准精度为 0.1 个像素，多视数为 25，系统信噪比 SNR = 15 dB。从图 2.18 中可以看出，当 $\tau < \tau_s$ 时（根据表 2.1 的参数计算可知，当 AIRSAR 采用单发双收的顺轨

干涉模式时，L 波段两个天线间的成像延时约为 46 ms，C 波段两个天线间的成像延时约为 4.5 ms。），海面已经严重去相关，此时测速精度随着海面相关时间的降低而迅速下降。所以，在顺轨干涉 SAR 系统设计时，其基线通常需要保证两个天线间的成像延时低于海面相关时间。

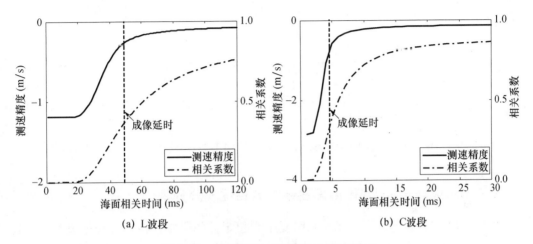

图 2.18　测速精度与海面相关时间的关系

（2）系统信噪比的影响

当顺轨干涉 SAR 的两个通道信噪比 SNR 相同时，由系统信噪比导致的相干系数为

$$\gamma_{\text{SNR}} = \frac{1}{1 + SNR^{-1}} \tag{2.75}$$

图 2.19 给出了 L 波段和 C 波段测速精度随系统信噪比的变化曲线，其中图像配准精度为 0.1 个像素，多视数为 25，L 波段海面相关时间为 100 ms，C 波段海面相关时间为 20 ms。从图 2.19 中可以看出，测速精度随着 SNR 的提高而逐渐提高，但是对于 L 波段 SNR > 10 dB，C 波段 SNR > 20 dB 时，SNR 对测速精度的影响可以忽略。

（3）配准精度的影响

干涉图像的配准是指给定主图像的某一点，寻找对应于地面上同一点的在辅图像中的点。配准误差可在 SAR 处理器的传输函数中以相位失常模型表示，配准精度导致的相干性损失可表示为

$$\gamma_{\text{coreg}} = \frac{\sin(\pi\delta_{\text{rg}})}{\pi\delta_{\text{rg}}} \cdot \frac{\sin(\pi\delta_{\text{az}})}{\pi\delta_{\text{az}}} \tag{2.76}$$

式中：$\delta_{\text{rg}}$ 和 $\delta_{\text{az}}$ 分别为距离向和方位向的像素失配量。

图 2.20 给出了 L 波段和 C 波段测速精度与图像配准精度的关系，其中系统信噪比 SNR = 15 dB，多视数为 25，L 波段海面相关时间为 100 ms，C 波段海面相关时间为 20 ms。从图 2.20 中可以看出，测速精度随着配准精度的提高而逐渐提高，当 L 波段图像配准精度超过 0.2 个像素，C 波段图像配准精度超过 0.1 个像素时，配准精度对测速精度的影响可以忽略。

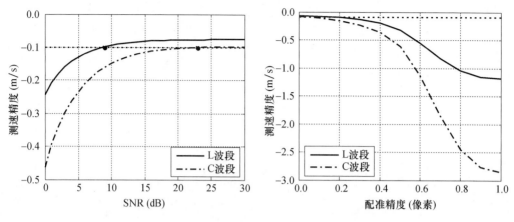

图 2.19  测速精度与系统 SNR 的关系          图 2.20  测速精度与配准精度的关系

### 2.4.3  顺轨干涉 SAR 海面残余交轨相位成分分析

顺轨干涉 SAR 进行海洋流场探测时受平台稳定性的限制，将不可避免地引入交轨基线分量，交轨基线分量一方面将引入沿方位向时变的海面"平地相位"，另一方面由于海面波高变化而产生高程相位，这些都将对流场测量产生显著影响。低海况下海面整体十分平坦，交轨基线分量会在距离向引入规则变化的干涉相位条纹，这与交轨干涉 SAR 陆地测高时常见的平地相位类似，如图 2.21（a）所示。相比于陆地平地相位条纹，海面"平地相位"条纹十分稀疏，如图 2.21（b）所示，这主要是交轨基线分量很小所导致。海面"平地相位"变化规则，如果获知准确的交轨基线长度与倾角，可利用理论公式计算平地相位并从干涉相位中予以去除。此外，交轨基线分量存在时，由于海面波高的变化还会额外产生高程相位，由于无法区分高程相位与速度相位，高程相位将转化为等效测速误差。

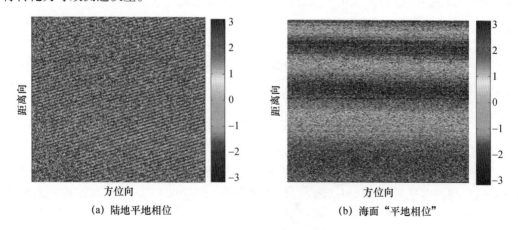

(a) 陆地平地相位                    (b) 海面"平地相位"

图 2.21  陆地及海面平地相位

海面分辨单元 $P$ 处的干涉相位可表示为

$$\phi_P = -\frac{4\pi B_{\text{XTI}}}{\lambda}\sin(\theta-\alpha) \tag{2.77}$$

式中：$B_{\text{XTI}}$ 为交轨基线长度，$\theta$ 为入射角，$\alpha$ 为基线倾角，如图 2.22 所示。

另一分辨单元 $P'$，在斜距方向上与 $P$ 点相距 $\Delta R$，$P'$ 相比于 $P$ 入射角变化了 $\Delta\theta$，但该变化极小，此时 $P'$ 点的干涉相位可表示为

$$\phi_{P'} = -\frac{4\pi B_{\text{XTI}}}{\lambda}\sin(\theta+\Delta\theta-\alpha) \tag{2.78}$$

$P$ 和 $P'$ 点之间的相位差可表示为

$$\begin{aligned}\Delta\phi &= \phi_{P'}-\phi_P \\ &= -\frac{4\pi B_{\text{XTI}}}{\lambda}\big[\sin(\theta+\Delta\theta-\alpha)-\sin(\theta-\alpha)\big] \\ &\approx -\frac{4\pi B_{\text{XTI}}}{\lambda}\cos(\theta-\alpha)\cdot\Delta\theta\end{aligned} \tag{2.79}$$

此外，根据图 2.22 中的几何构型，有如下关系式

$$R\cdot\Delta\theta\approx R\cdot\sin(\Delta\theta)=\frac{\Delta R}{\tan\theta} \tag{2.80}$$

结合式（2.79）和式（2.80），最终分辨单元 $P$ 和 $P'$ 的相位差可表示为

$$\begin{aligned}\Delta\phi &= -\frac{4\pi B_{\text{XTI}}}{\lambda}\cos(\theta-\alpha)\cdot\Delta\theta\frac{\Delta R}{R\tan\theta} \\ &= -\frac{4\pi B_{\text{XTI}}\cos(\theta-\alpha)\Delta R}{\lambda R\tan\theta}\end{aligned} \tag{2.81}$$

由式（2.81）可知，即使海面没有起伏，交轨干涉相位在测绘带中也会沿距离向发生变化，当相位值大于 π 时，即出现相位缠绕，所以在干涉相位图中表现为沿距离向变化的条纹形态，如图 2.23 所示。此现象在交轨干涉陆地测高中一般称为平地效应，这里也沿用这一概念，将顺轨干涉 SAR 交轨基线分量产生的该相位项称为海面"平地相位"。

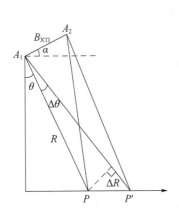

图 2.22　平地相位产生示意图

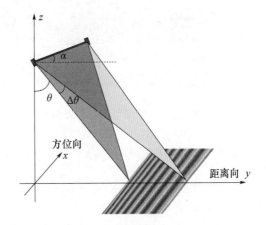

图 2.23　海面"平地相位"沿距离向的变化

海面"平地相位"实际上是由于交轨干涉体制本身所引入的一个理论值，并不是

由流场速度所引起的，所以在流速反演之前必须准确予以去除。海面相比陆地十分平坦，且顺轨干涉 SAR 即使存在交轨基线分量，基线长度也一般很小，这使其在距离向上引入的"平地相位"条纹十分规则且相比陆地平地条纹更为稀疏。

去除海面"平地相位"可采用两种方法：一是根据飞机组合导航系统记录的姿态角数据，利用基线旋转矩阵估计交轨基线长度和倾角，根据式（2.77）计算理论平地相位并从实际干涉相位中去除，以下将该方法称作姿态角数据估计去除法；二是基于海面"平地相位"条纹的变化规律，结合式（2.72）进行数据拟合，从相位条纹中提取交轨基线长度和倾角信息，再计算理论平地相位并从实际干涉相位中去除，以下将该方法称作相位条纹拟合估计去除法。

对于机载顺轨干涉 SAR 而言，在去除平地相位时，还需要考虑交轨基线分量沿方位向时变这一因素。交轨基线分量是由于飞机姿态变化所引入，飞机姿态变化包括快变化和慢变化两类，快变化主要是飞机高频振动等因素所导致，振动周期远小于合成孔径时间，其主要对 SAR 图像聚焦产生影响，而对交轨基线分量的影响较小；慢变化是由相对稳定的飞机姿态角偏转所引起的，时间上变化较为缓慢，一般大于合成孔径时间。SAR 成像运动补偿是针对一个合成孔径时间内的回波进行补偿，并且是对前、后天线回波做相同的补偿，所以由姿态角慢变化引入的交轨基线分量始终存在，且沿方位向时变。方位向时变的交轨基线分量引入沿方位向时变的海面"平地相位"，如图 2.24 所示。

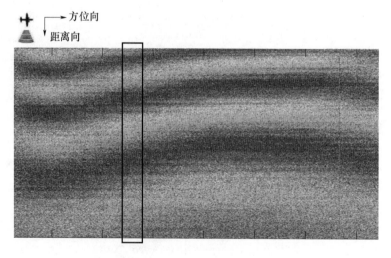

图 2.24　沿方位向时变的海面"平地相位"

### 2.4.4　顺轨干涉 SAR Doppler 速度的组成成分

利用顺轨干涉 SAR 直接获得的 Doppler 速度实际是给定分辨单元内所有散射体径向速度的矢量和。在中等入射角情况下，微波后向散射主要体现为 Bragg 散射，所以 Doppler 速度除了包含海表流场速度分量外，还有 Bragg 相速度、长波轨道速度等的贡献。Doppler 速度的组成可以通过下式表示[18]：

$$u_{\text{Doppler}} = u_c + u_{wd} + u_o + u_b \tag{2.82}$$

式中：$u_c$ 为潮汐流或者洋流等表面流场，$u_{wd}$ 为风场引起的表面漂移，$u_o$ 为大尺度波浪的轨道速度，$u_b$ 为净 Bragg 波相速度。在实际流场反演中可以把前两项统一看作表面流场，即 $u_s = u_c + u_{wd}$。下面分别对波浪轨道速度和 Bragg 波相速度进行介绍。

### 2.4.4.1　波浪轨道速度

我们已经介绍过，在深水条件下（水深 $h$ 大于波长 $\lambda$ 的一半，$h/\lambda \geq 0.5$），海浪表面的质点在其平衡位置附近做圆周运动；在浅水条件下（水深 $h$ 相对波长 $\lambda$ 很小时，一般取 $h/\lambda < 0.05$），海浪表面质点在其平衡位置附近做椭圆运动。海浪表面质点进行圆周运动或者椭圆运动的速度称为轨道速度，通常具有周期性。根据随机多尺度模型，Bragg 波要受到中尺度和大尺度波浪的调制作用，因此波浪轨道速度实际应该包含中尺度波轨道速度和大尺度轨道速度。但是中尺度波的波长通常小于分辨单元或者与分辨单元的尺寸相当，根据波浪轨道运动的周期性，其对 Doppler 速度的贡献可以忽略。

假设海面波高可以表示为

$$A(\mathbf{x},t) = \int_{k<k_l} \{\zeta(\mathbf{k})[\exp j(\mathbf{k}\cdot\mathbf{x} - \omega t)] + c.c\} \mathrm{d}\mathbf{k} \qquad (2.83)$$

式中：$\zeta(k)$ 为波数矢量 $\mathbf{k}$ 对应波谱分量的振幅，波数 $k_l$ 为大尺度波和中尺度波的划分边界，$c.c$ 表示前一项的共轭。则大尺度波的垂向运动速度为

$$v_v(\mathbf{x},t) = \frac{\partial A(\mathbf{x},t)}{\partial t} = -\int_{k<k_l} \{\zeta(\mathbf{k})\omega \exp[j(\mathbf{k}\cdot\mathbf{x} - \omega t)] + c.c\} \mathrm{d}\mathbf{k} \qquad (2.84)$$

根据深水重力波理论，海浪上的质点进行圆周运动，其水平速度与垂直速度幅度相同但是相位相差 90°，则大尺度波的水平运动速度为：

$$v_h(\mathbf{x},t) = \int_{k<k_l} \{\zeta(\mathbf{k})\omega \exp[j(\mathbf{k}\cdot\mathbf{x} - \omega t + \pi/2)] + c.c. \} \mathrm{d}\mathbf{k} \qquad (2.85)$$

则大尺度波轨道速度对 Doppler 速度的贡献为：

$$u_o(\mathbf{x},t) = v_v(\mathbf{x},t)\cos\theta + v_h(\mathbf{x},t)\cos\varphi\sin\theta$$
$$= \int_{k<k_l} \{\omega(\cos\varphi\sin\theta + j\cos\theta)\zeta(\mathbf{k})\exp[j(\mathbf{k}\cdot\mathbf{x} - \omega t)] + c.c. \} \mathrm{d}\mathbf{k} \qquad (2.86)$$

式中：$\theta$ 为雷达入射角，$\varphi$ 大尺度波浪传播方向与雷达波入射面的夹角。

在顺轨干涉 SAR 表面流场反演时，轨道速度分量的去除通常是利用轨道速度沿海浪传播方向具有周期性的特点，通过空间平均的方法来实现。但这种处理方式实际上存在如下几个问题。

1）要利用大尺度波轨道速度的周期性进行空间平均，首先需要知道精确的波浪波长信息，然而从目前的相关文献来看，很少有人首先对海浪波长进行估计，然后再进行平均处理；另外，由于海面不同位置处波浪的波长可能不同，因此很难对整幅干涉相位图像利用统一的标准进行空间平均。

2）对大尺度波轨道速度进行空间平均处理的一个前提是海浪表面质点进行圆周运动或者椭圆运动，其速度分布具有周期性。然而，在实际海洋中，由于风等因素的影响，表面水质点并非进行一个闭合的轨道运动，而是存在一个与海浪传播方向相同的净

水平速度，称为 Stokes 漂流（Stokes Drift），如图 2.25 所示。该项实际上也可以认为是表面流场 $u_s$ 的一部分。

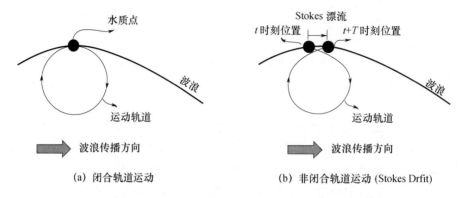

图 2.25 大尺度波波面水质点一个周期内的运动轨迹

3）根据 SAR 海浪成像机制，朝向雷达一侧的波浪的后向散射强度要高于背向雷达一侧，导致波峰两侧后向散射强度不同，从而使得两侧轨道速度分量的权重也不一致，这样就会使 Doppler 速度产生一个正的速度偏移。在中等海况条件下，该速度偏移可能会达到 0.2 m/s[18]。与 Stokes 漂流不同，该速度偏移并非真实表面流场的一部分，而是由 SAR 海浪成像机制导致的，但在传统速度分离方法中，很少有文献对此速度偏移进行处理。

正是由于上述几种原因，通过空间平均处理后的顺轨干涉相位肯定仍会存在残余轨道速度项。

### 2.4.4.2 Bragg 波相速度

Bragg 波相速度可以通过下式计算：

$$c_p = \sqrt{\frac{g}{|\mathbf{k}_b|} + \frac{\tau_s |\mathbf{k}_b|}{\rho}} \tag{2.87}$$

式中：$g$ 为重力加速度，$\tau_s$ 为表面张力，$\rho$ 为海水密度，$\mathbf{k}_b$ 为 Bragg 波波数矢量。通常情况下，存在两个传播方向相反的 Bragg 波，即远离雷达方向传播的 Bragg 波和朝向雷达方向传播的 Bragg 波，其相速度分别为 $\pm c_p$。两个方向传播的 Bragg 波分量所占的比重与风向有关，可以通过方向扩展函数来描述[18]：

$$G(\theta_w) = \cos^{2n}\left(\frac{\theta_w}{2}\right) \tag{2.88}$$

式中：$\theta_w$ 为风向与雷达视向间的夹角，$n$ 为扩展因子，其取值与雷达频率有关，典型值为 2～5。

因此顺轨干涉 SAR Doppler 速度中包含的净 Bragg 相速度实际是这两个方向 Bragg 波相速度的加权矢量和，即

$$
\begin{aligned}
u_b &= \alpha(\theta_w) c_p - [1 - \alpha(\theta_w)] c_p \\
&= \frac{G(\theta_w) - G(\theta_w + \pi)}{G(\theta_w) + G(\theta_w + \pi)} c_p
\end{aligned} \tag{2.89}
$$

式中：$\alpha(\theta_w)$ 为远离雷达方向传播的 Bragg 波所占的比重。图 2.26 给出了 L 波段（$n=2$）和 C 波段（$n=2.5$），$\alpha(\theta_w)$ 与风向和雷达视向间夹角的关系（顺风时为 0°），从图 2.26 中可以看出，L 波段和 C 波段沿不同方向传播的 Bragg 波所占比重几乎相同（偏差 $<0.05$）。Kim 等[19]基于这一原理提出了利用 L 波段和 C 波段双波段顺轨干涉 SAR 数据进行 Bragg 波相速度分离方法。然而，能够同时接收 L 波段和 C 波段顺轨干涉 SAR 数据的平台较少，目前知道的仅有 JPL 的 AIRSAR 且于 2004 年已经退役。另外，式（2.88）中的扩展因子 $n$ 是一个经验值，其本身存在一定误差，因此利用该式计算得到的净 Bragg 相速度的精度也或多或少存在一定问题。

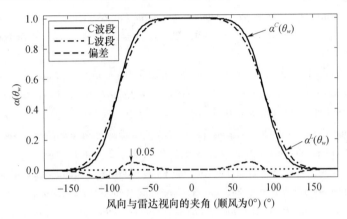

图 2.26　$\alpha(\theta_w)$ 与风向和雷达视向间夹角的关系

# 参考文献

［1］ Donelan M A and Pierson W J. *Radar Scattering and Equilibrium Ranges in Wind – Generated Waves with Application to Scatterometry.* Journal of Geophysical Research Oceans，1987，92（C5）：4971 – 5029.

［2］ Barber B C. *Theory of Digital Imaging from Orbital Synthetic Aperture Radar.* International journal of remote sensing，1985，6（7）：1009 – 1057.

［3］ Raney R K，Runge H，Bamler R，et al. *Precision SAR Processing Using Chirp Scaling.* IEEE Transactions on Geoscience and Remote Sensing，1994，32（4）：786 – 799.

［4］ Soumekh M. *Synthetic Aperture Radar Signal Processing with MATLAB Algorithms.* John Wiley and sons，INC，1991.

［5］ Holliday D，St – cy G and Woods N E. *Comparison of A New Radar Ocean Imaging Model with SARSEX Internal Wave Image Data.* International Journal of Remote Sensing，1987，8（9）：1423 – 1430.

［6］ 罗滨逊. 卫星海洋学［M］. 吴克勤等译. 北京：海洋出版社，1989.

［7］ 乌拉比，穆尔，冯健超. 微波遥感（第二卷）：雷达遥感和面目标的散射、辐射理论. 黄培康，汪一飞译. 北京：科学出版社，1987.

［8］ Hasselmann and Hasselmann S. *On the Nonlinear Mapping of An Ocean Wave Spectrum into A Synthetic Aperture Radar Image Spectrum and Its Inversion.* Journal of Geophysical Research Oceans，1991，96（C6）：10713 – 10729.

［9］ Valenzuela G R. *Theories for the Interaction of Electromagnetic and Ocean Waves – A Review.* Boundary Layer Meteorol, 1978, 13 (1-4): 1361-1385.

[10] Wright J W. *Doppler Spectra in Microwave Scattering from Wind Waves.* Physics of Fluids, 1971, 14 (3): 466-474.

[11] Bruning C, Alper W R and Schroter J G. *On the Focusing Issue of Synthetic Aperture Radar Imaging of Ocean Waves.* IEEE Transactions on Geoscience and Remote Sensing, 1991, 29 (1): 120-128.

[12] Alpers W and Hasselmann K. *The Two-Frequency Microwave Technique for Measuring Ocean-Wave Spectra from An Airplane or Satellite.* Boundary-Layer Meteorology, 1978, 13 (1-4): 215-230.

[13] Goldstein R M and Zebker H A. *Interferometric Radar Measurement of Ocean Surface Currents.* Nature, 1987, 328: 707-709.

[14] Romeiser R, Hartmut R. *Theoretical Evalution of Several Possible Along-Track InSAR Modes of Terra SAR-X for Ocean Current Measurements.* IEEE Transactions on Geoscience and Remote Sensing, 2007, 45 (1): 21-35.

[15] Wang X Q, Chong J S, Yu X Z, et al. *Estimation Bias of Ocean Current Measured by Along-track Interferometric Synthetic Aperture Radar and Its Compensation Methods.* International Journal of Remote Sensing, 2014, 35 (11-12): 4064-4085.

[16] Frasier S J and Camps A J. *Dual-beam Interferometry for Ocean Surface Current Vector Mapping.* IEEE Transactions on Geoscience and Remote Sensing, 2001, 39 (2): 401-414.

[17] Lee J, Hopel K W, Mango S A et al. Intensity and Phase Statistics of Multilook Polarimetric and Interferometric SAR Imagery. IEEE Transactions on Geoscience and Remote Sensing, 1994, 32 (5): 1017-1028.

[18] Moller D Frasier S J and Porter D L. *Radar-Derived Interferometric Surface Currents and Their Relationship to Subsurface Current Structure.* Journal of Geophysical Research Oceans, 1998, 103 (C6): 12839-12852.

[19] Kim D, Moon W M, Moller D, et al. *Measurements of Ocean Surface Waves and Currents Using L- and C-band Along-Track Interferometric SAR.* IEEE Transactions on Geoscience and Remote Sensing, 2003, 41 (12): 2821-2832.

# 第3章　干涉 SAR 海洋流场信号仿真方法

　　SAR 向海面发射微波信号，回波信号特性主要由雷达波段、极化方式、观测几何、海况以及海面电磁散射特征等多项因素所决定。由于海洋环境复杂，瞬息万变，条件可控的实际数据的获取也较困难。因此，图像仿真研究就成为一种有效的手段。通过图像仿真研究，可以得到所需条件下的仿真图像，为后续的干涉 SAR 海洋流场观测系统设计和海洋流场反演提供数据源。目前可见较多的报道是关于 SAR 海面成像仿真研究。主要分为两种思路：一种是完全基于 SAR 海面成像的线性调制理论模型直接映射得到 SAR 图像，整个过程描述为把海浪模型通过散射模型映射为散射系数，再通过 SAR 海面成像的线性调制理论模型直接将散射系数映射到图像平面强度，即得到了仿真 SAR 图像[1]，这种方法适合于对一些海洋现象的调制机理进行快速定性分析，但难以对回波和单视复图像相位进行精确分析；另一种思路也首先求得散射系数分布，但并不通过 SAR 成像理论模型直接将其映射为图像强度，而是进行回波模拟，仿真出原始回波数据后对其进行成像处理[2]。这类算法耗时很长，但能对单视复图像和干涉相位精确仿真，也是本书中将采用的干涉 SAR 信号仿真方法。本章将介绍海面电磁散射仿真方法以及干涉 SAR 海洋流场信号的仿真方法。

## 3.1　海面电磁散射仿真方法

　　电磁波对海水的穿透能力有限，几乎无法穿透，海面的电磁散射主要取决于海面的粗糙度。海面的 SAR 成像仿真与陆地目标 SAR 成像仿真相比要复杂得多。一方面海面的平均散射截面（NRCS）的仿真非常复杂，既取决于复杂的海况和海洋现象，又取决于雷达的视角和视向；另一方面海面复杂的随机运动特性和时间去相干特性的仿真与陆地固定目标的仿真有很大的区别。因此经典的固定式 SAR 目标仿真方法在本项目中无法简单套用，需要针对海面的散射和动态性特点进行针对性仿真。

　　海面电磁散射仿真包括：

- 海面粗糙度的仿真；
- 海面 NRCS 的仿真；
- 海面动态特效的仿真；

下面进行具体介绍。

### 3.1.1　海面粗糙度仿真

海浪是一种重要的海洋波动现象，是物理海洋学研究的一个方面，它是海水运动、海水混合和小尺度海气相互作用等研究中的一个重要环节。现有的海浪理论主要分为两类：一类属于水波理论，其特点是将海浪运动视为确定的函数形式，通过流体动力学分析揭示各种情况下海浪的动力学性质和运动规律；另一类可称为随机海浪理论，其特点是将海浪运动视为随机过程，通过随机过程理论分析给出各种情况下海浪运动的统计特征。

描述海浪运动的统计特征主要是基于波浪谱进行描述，但波浪谱只能描述平稳随机过程，而海浪并非平稳随机过程，每个局部都会因为各种调制效应导致波浪谱发生变化，因此粗糙度的仿真分为波浪谱的仿真和波浪谱调制效应的仿真。

### 3.1.1.1 波浪谱仿真

海浪谱研究是构成海浪理论研究与实际应用的核心问题之一，海浪谱描述的是海浪内部结构，也能间接地表征海浪对外表现特征值。海浪的生成因素有多种，生成因素不同，海浪方向谱的形态也应有所不同，由于随机海浪的复杂性，目前海浪方向谱研究主要是描述风力作用下形成海浪的随机分布特征。

风生海浪方向谱主要可以分为两大类，一类是基于波浪理论来建立相应的模型；另一类是基于海洋和槽池测量实验结果得到的半经验模型。在遥感应用领域中，常用的有 Bjerkaas and Riedel Spectrum，Donelan and Pierson Spectrum，Apel Spectrum，Elfouhaily's Spectrum 等。

本文使用美国迈阿密大学 Romeiser 等[1] 提出的海浪方向谱模型。该谱模型有如下优点：

1）该海浪方向谱模型是根据 Apel Spectrum 修改而提出的，它不仅保留了 Apel Spectrum 在所有波数范围的连续性和可微分性，而且更有利于数值计算，这对于后续的波浪谱调制仿真有重要的作用；

2）该模型指出直到至少 20 m/s 的风速，海浪谱的高波数部分的风速依赖性应该是幂指数关系，不存在饱和现象。

3）更重要的是，Romeiser 等利用了大量遥感参考数据来进行二维海浪谱的最佳迭代参数优化，使得到的海浪方向谱在风速依赖性、频率依赖性和侧风/顺风差异方面与实际数据在误差范围内一致，更加良好地反映实际海洋随机特征。该海浪方向谱解析表达式如下：

$$\psi(k,\varphi,u_{10}) = P_L(k,u_{10}) W_H(k) \left(\frac{u_{10}}{u_n}\right)^{\beta(k)} k^{-4} S(k,\phi,u_{10}) \tag{3.1}$$

式中：$k$ 表示海浪的波数；$u_{10}$ 表示海面 10 m 高处的风速；$\varphi$ 表示海浪与风向的夹角；其余各项参数如下：

$P_L$ 是描述低波数段下降和 JONSWAP 波峰的因子，可以表示为

$$P_L = 0.001\,95\exp\left\{-\frac{k_p^2}{k^2} + 0.53\exp\left[-\frac{(\sqrt{k}-\sqrt{k_p})^2}{0.32k_p}\right]\right\} \tag{3.2}$$

式中：$k_p = \frac{1}{\sqrt{2}}\frac{g}{u_{10}^2}$ 表示波浪谱峰的波数。

风速依赖性的幂指数表达式如下：

$$\beta = \left[1 - \exp\left(-\frac{k^2}{k_1^2}\right)\right] \exp\left(-\frac{k}{k_2}\right) + \left[1 - \exp\left(-\frac{k}{k_3}\right)\right] \exp\left[-\left(\frac{k - k_4}{k_5}\right)^2\right] \quad (3.3)$$

式中：$k_1 = 183$ rad/m，$k_2 = 3333$ rad/m，$k_3 = 33$ rad/m，$k_4 = 140$ rad/m，$k_5 = 220$ rad/m。

雷达散射截面的频率依赖性由 Bragg 波数范围内的海浪谱形状决定，经过 3 次优化迭代后，得到如下的谱形状表达式：

$$W_H = \frac{\left[1 + \left(\frac{k}{k_6}\right)^{7.2}\right]^{0.5}}{\left[1 + \left(\frac{k}{k_7}\right)^{2.2}\right]\left[1 + \left(\frac{k}{k_8}\right)^{3.2}\right]^2} \exp\left(-\frac{k^2}{k_9^2}\right) \quad (3.4)$$

式中：$k_6 = 280$ rad/m，$k_7 = 75$ rad/m，$k_8 = 1300$ rad/m，$k_9 = 8885$ rad/m。

在保留角展函数的高斯形式的前提下，对方向宽度进行优化，使得在 $10k_p$ 的波数范围内角展函数的性能不受影响，并且能很好地重现参考数据组的侧风/顺风比率，角展函数表达式如下：

$$S = \exp\left(-\frac{\phi^2}{2\delta^2}\right) \quad (3.5)$$

$$\frac{1}{2\delta^2} = 0.14 + 0.5\left[1 - \exp\left(-\frac{ku_{10}}{c_1}\right)\right] + 5\exp\left[2.5 - 2.6\ln\left(\frac{u_{10}}{u_n}\right) - 1.3\ln\left(\frac{k}{k_n}\right)\right] \quad (3.6)$$

式中：$2\delta^2$ 表示角度展宽因子，$c_1 = 400$ rad/s，$k_n = 1$ rad/m。

图 3.1 可以看出，在风生的海浪方向谱模型中，当波浪与风向夹角 $\varphi = 0$ 时，海浪谱能量最大，也即风向上的海浪聚集了风场输入的主要能量，离风向方向越远的海浪能量越小。

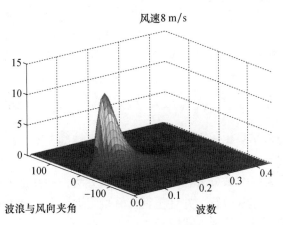

风速 8 m/s

图 3.1　Romeiser 海浪方向谱形式

### 3.1.1.2　波浪谱调制效应仿真

海洋表面由许多尺度不一样的波浪组成，短尺度的波浪并不是在一个平坦平面上传播的，而是在大尺度的表面波以及非均匀的流场上传播。研究表明，变化的短尺度粗糙度将对雷达后向散射产生调制。这种雷达后向散射的变化是由于大尺度波轨道运动以及海面非均匀流场对短波进行了波谱调制，它会影响短波谱密度的幅度，也就是它会改变短波在长波上的分布。

根据弱流体动力作用理论，假设大尺度表面波为缓慢变化的表面流场，对于穿过它的小尺度波包，其能量改变通过作用平衡方程来描述：

$$\frac{dN}{dt} = \left( \frac{\partial}{\partial t} + \frac{d\mathbf{x}}{dt} \cdot \frac{\partial}{\partial \mathbf{x}} + \frac{d\mathbf{k}}{dt} \cdot \frac{\partial}{\partial \mathbf{k}} \right) N = S(\mathbf{x}, \mathbf{k}, t) \tag{3.7}$$

式中：$N$ 是波包的作用谱密度，$S$ 是源函数。上式的求解通过沿着相位空间波传播轨道的光路方程来完成，光路方程如下：

$$\frac{d\mathbf{x}}{dt} = \frac{\partial \omega}{\partial \mathbf{k}} = c_g(\mathbf{k}) + U_0(\mathbf{x}) \tag{3.8}$$

$$\frac{d\mathbf{k}}{dt} = -\frac{\partial \omega}{\partial \mathbf{x}} = -\mathbf{k} \frac{\partial U_0}{\partial \mathbf{x}} \tag{3.9}$$

式中：$U_0$ 为流场速度，$c_g$ 是波包群速度，$\omega = \omega_0 + \mathbf{k} \cdot U_0(\mathbf{x})$ 是运动媒介的视在频率，$\omega_0$ 是在静止坐标系中的固有角频率，表示为

$$\omega_0^2 \approx gk + \frac{\tau}{\rho} k^3 \tag{3.10}$$

式中：$\tau$ 是表面张力，$\rho$ 是水的密度。作用谱 $N$、能量谱 $E$ 和波高谱 $\Psi$ 之间关系为

$$N(\mathbf{x}, \mathbf{k}, t) = \frac{E(\mathbf{x}, \mathbf{k}, t)}{\omega_0(k)} = \Psi(\mathbf{x}, \mathbf{k}, t) \frac{\rho \omega_0(k)}{k} \tag{3.11}$$

因此，求得作用谱 $N$，就相应得到了被流场调制的波高谱 $\Psi$。

上面提到的源函数 $S$ 是风场输入作用、非线性波－波作用和弥散作用之和。一般使用的源函数有两种：

• 线性源函数：

$$Q = -\mu(N - N_0) \tag{3.12}$$

式中：$\mu$ 为松弛率（relaxation rate）；$N_0$ 为平衡作用谱。

• 二次源函数：

$$Q = -\mu \left[ (N - N_0) + \frac{(N - N_0)^2}{N_0} \right] = \mu N \left( 1 - \frac{N}{N_0} \right) \tag{3.13}$$

二次源函数的仿真结果比一次源函数从原理上更精确，不会出现在大调制情况下波浪谱变为负值的情况，本项目中为了仿真的精确性采用二次源函数的方式进行仿真。

作用量平衡方程是一个微分方程，有两种仿真方法，一种是采用时域仿真法，这种方法对时间步长的选取非常敏感，并且仿真计算量很大；另一种方法是频域仿真法，将作用量平衡方程变换到频域，如下式所示

$$\frac{q(\mathbf{K}, \mathbf{k}, \omega_c)}{Q_0} = \frac{j[\mathbf{k} \cdot u(\mathbf{K}, \omega_c)](\mathbf{K} \cdot \nabla_\mathbf{k} Q_0)}{-j\omega_c - \mu + j(c_g + U_0) \cdot \mathbf{K}} \tag{3.14}$$

式中：$q(\mathbf{K}, \mathbf{k}, \omega_c)$ 为波浪谱调制量，$\mathbf{K}$ 和 $\mathbf{k}$ 分别为流场和被调制波浪谱的波数，$u(\mathbf{K}, \omega_c)$ 为流场的傅里叶变换。

频域法计算量小，精确度高，是在 SAR 海洋成像仿真中常用的解决方案，因此本书中海面干涉 SAR 仿真的波流调制环节也采用频域法进行。

频域法中涉及海面松弛率和波浪谱模型的选择，海面松弛率和波浪谱模型非常多，

各个模型都有其适用的范围和场合。比较常用的松弛率模型包括 Plant 模型和 Houghs 模型[1][3]，Houghs 模型如下所示：

$$\mu(u_*,k) = \begin{cases} \begin{aligned} & u_* \cdot k[\,0.01 + (0.016u_* \cdot k)/\omega_0\,] \\ & [\,-\exp(-8.9\sqrt{(u_* \cdot k)/\omega_0 - 0.03}\,)\,] \end{aligned} & (\,|\,u_*\,|\,|\,k\,|\,)/\omega_0 > 0.03 \\ \quad\quad\quad\quad 0 & (\,|\,u_*\,|\,|\,k\,|\,)/\omega_0 \leqslant 0.03 \end{cases}$$

$$(3.15)$$

Plant 模型如下所示：

$$\mu(u_*,k) = 0.043\,|\,u_* \cdot k\,|\,|\,u_*\,|\,|\,k\,|\,/\omega_0 \tag{3.16}$$

王小青等[4]在散射仿真模型中分别采用 Plant 松弛率模型和 Hughes 松弛率模型，以及常用的 D 谱、R 谱等波浪谱模型，将仿真的散射强度与实测进行对比，对比结果表明采用 Plant 松弛率模型和 Hughes 松弛率模型对仿真结果差异不大，采用 R 谱的仿真结果比 D 谱更接近实测结果，因此本项目采用 R 谱进行海面粗糙度建模。

### 3.1.2 海面 NRCS 仿真

对于微波遥感而言，目标后向散射的强度通常用雷达散射截面（Radar Cross Section，RCS）来描述，其大小等于以入射场强度的球散射体在雷达天线处截获的功率值与散射场功率相同时所需截面积的大小。对于分布目标，通常用单位面积的雷达散射截面，即归一化后向散射系数 $\sigma°$（Normalized Radar Cross Section，NRCS）来描述。

#### 3.1.2.1 NRCS 仿真模型

海面微波后向散射模型解决了海面后向散射系数与海面波谱和雷达参数之间的关系。理论模型较典型及常用的模型有物理光学模型（基尔霍夫法）、布拉格散射模型（小扰动法）、双尺度组合表面模型、IEM（积分电磁模型）等。这些模型各有不同的适用范围已经计算复杂度。本书采用王小青教授团队开发的三尺度二阶散射模型[5]，其适用范围、适用条件较基尔霍夫、小扰动、双尺度等模型更广，并与实测结果进行了大量对比，大部分精度在 3 dB 以内，达到了国际主流模型的精度，在某些条件下精度更高。该模型已经在多个海洋 SAR 遥感卫星项目的论证中得到了应用。下面对该模型的原理进行介绍。

如果海面波高满足高斯分布，则 NRCS 与海面波高自相关函数的关系为[6]：

$$\sigma_{qp} = \frac{k^2}{4\pi}\exp[\,-4\varphi(0)k_z^2\,]\,|\,\Gamma_{qp}\,|^2\int\exp[\,-2i\,\mathbf{k_H} \cdot \mathbf{x}\,]\{\exp[\,4k_z^2\varphi(\mathbf{x})\,] - 1\}\mathrm{d}\mathbf{x}$$

$$(3.17)$$

式中：p，q 分别为发送和接收的极化方向，$k$ 为电磁波波数，$x$ 为水平坐标矢量，$k_H$ 为发射波数矢量水平分量，$k_z$ 为发射和接收电磁波波数垂直分量。$\Gamma_{qp}$ 为极化因子[6][7]。$\varphi(\mathbf{x})$ 为波高自相关函数。

$$\varphi(\mathbf{x}) = \int W(\mathbf{k})\exp(i\mathbf{k} \cdot \mathbf{x})\mathrm{d}\mathbf{k} \tag{3.18}$$

式中：$W(\mathbf{k})$ 为波浪谱，当 $\mathbf{x} = 0$ 时 $\varphi(\mathbf{x})$ 达到最大值，也就是海面波高的均方高。当

$(k_{sz} - k_z)^2 \varphi$（0）$> 10$，NRCS 可以简化为

$$\sigma_l \approx \frac{k^2 |f_{qp}|^2}{4k_z \sqrt{S_{xx} + S_{yy} - S_{xy}}} \exp\{ - [S_{xx}k_x^2 + S_{yy}k_y^2 - S_{xy}k_xk_y]/2k_z^2/(S_{xx} + S_{yy} - S_{xy}) \}$$

（3.19）

式中：$S_{xx} = \int W(\mathbf{k})(\mathbf{k} \cdot \hat{\mathbf{x}})^2 d\mathbf{k}$，$S_{yy} = \int W(\mathbf{k})(\mathbf{k} \cdot \hat{\mathbf{y}})^2 d\mathbf{k}$，$S_{xy} = \int W(\mathbf{k})(\mathbf{k} \cdot \hat{\mathbf{x}})(\mathbf{k} \cdot \hat{\mathbf{y}}) d\mathbf{k}$。
当 $(k_{sz} - k_z)^2 \varphi(0) < 0.1$，NRCS 可以简化为 Bragg 散射形式

$$\sigma_{qp} \approx 4\pi k^2 |\Gamma_{qp}|^2 k_z^2 W(\mathbf{k_H} - \mathbf{k_{sH}})$$

（3.20）

  直接采用式（3.17）计算大面积海面的散射其计算量将非常惊人，因此需要利用式（3.19）和式（3.20）对其进行简化。将海面波浪谱分为大、中、小尺度 3 部分

$$\varphi(\mathbf{x}) = \int_{k_l \geqslant |k|} W(\mathbf{k})\exp(i\mathbf{k} \cdot \mathbf{x})d\mathbf{k} + \int_{k_s > |k| > k_l} W(\mathbf{k})\exp(i\mathbf{k} \cdot \mathbf{x})d\mathbf{k} + \int_{|k| \geqslant k_s} W(\mathbf{k})\exp(i\mathbf{k} \cdot \mathbf{x})d\mathbf{k}$$
$$= \varphi_l(\mathbf{x}) + \varphi_i(\mathbf{x}) + \varphi_s(\mathbf{x})$$

（3.21）

其波数划分尺度 $k_l$、$k_s$ 满足：

$$4k_z^2 \varphi_l(0) = 10 \quad (3.22)$$
$$4k_z^2 \varphi_s(0) = 0.1 \quad (3.23)$$

  将式（3.17）的积分项分为 3 部分：

$$\sigma_{qp} = \sigma_{qp}^l + \sigma_{qp}^i + \sigma_{qp}^s \quad (3.24)$$

其中

$$\sigma_l \approx \exp\{ - (k_{sz} - k_z)^2 [\varphi_i(0) + \varphi_s(0)] \} \frac{k^2 |f_{qp}|^2}{2(k_{sz} - k_z)\sqrt{S_{xx} + S_{yy} - S_{xy}}}$$
$$\exp\{ - [S_{xx}(k_{sx} - k_x)^2 + S_{yy}(k_{sy} - k_y)^2 - S_{xy}(k_{sx} - k_x)(k_{sy} - k_y)]/2(k_{sz} - k_z)^2/(S_{xx} + S_{yy} - S_{xy}) \}$$

（3.25）

$$\sigma_{qp}^i = \frac{k^2}{4\pi}\exp[ - \varphi_s(0)(k_{sz} - k_z)^2] |\Gamma_{qp}|^2 \int \exp[j(\mathbf{k_{sH}} - \mathbf{k_H}) \cdot \mathbf{x}]$$
$$\exp\{(k_{sz} - k_z)^2 [\varphi_i(\mathbf{x}) - \varphi_i(0)] \} d\mathbf{x}$$

（3.26）

$$\sigma_{qp}^s \approx \pi k^2 |\Gamma_{qp}|^2 (k_{sz} - k_z)^2 W(\mathbf{k_H} - \mathbf{k_{sH}}) \quad (3.27)$$

  目前，关于双尺度或三尺度的海面散射研究很多，其尺度划分准则往往是根据 Bragg 波长的一定比例或者经验来划分，而本书给出的三尺度划分准则是由海面波浪谱决定的，这样做可以使得在不影响仿真精度的情况下计算量最小。

  以上推导都是基于高斯分布的，但是海面并不符合高斯随机分布，一个明显的证据就是海面在顺风和逆风入射状态下散射强度不等。一个解决方法是在散射模型中考虑海面的高阶谱的影响，这种方法虽然在数学上比较严密，但是目前对于海面高阶谱的测量还没有公认的结果，而且这种方法得到的是大范围海面的平均散射，不能仿真海面散射的纹理信息，因此这种应用并不广。另一个方法是采用复合表面模型，将海面进行尺度分割，在每个局部仍然视为高斯随机表面，只是各个局部的波浪谱被大、中尺度波的倾斜和流体动力调制效应改变，因此各个局部的散射不同，这种方法虽然数学上不是很严密，但是因为倾斜和流体动力调制模型较为成熟，而且这种方法可以仿真出海面的纹理

信息，因此复合表面模型在海面散射仿真中应用很广。

从前面的推导可以看出，海面的散射与入射角有关，也与海面波浪谱有关。由于海面上每个局部的倾角和波浪谱都不是均匀的，因此海面的散射强度也会随之变化。

产生倾斜调制的原因是长波波面不同位置处的短波有不同的本地入射角，从而使得不同本地坐标处将有不同的本地布拉格波数矢量，进而影响后向散射分布。这种调制是纯粹的几何作用，由于倾斜作用，将后向散射截面根据小尺度平面的法线展开至一阶项：

$$\left(\frac{\delta\sigma}{\sigma_0}\right)_{\text{tilt}} = \frac{1}{\sigma_0}\frac{\partial\sigma}{\partial Z_x}Z_x + \frac{1}{\sigma_0}\frac{\partial\upsilon}{\partial Z_y}Z_y \tag{3.28}$$

式中：$Z_x$、$Z_y$ 分别为 $x$、$y$ 轴方向的坡度。将散射系数表示为空间波数域的形式，则：

$$\frac{1}{\sigma_0}\sigma(k_x,k_y) = \frac{1}{\sigma_0}\left(\frac{\partial\sigma}{\partial Z_x}ik_x + \frac{\partial\sigma}{\partial Z_y}ik_y\right)H(k_x,k_y) \tag{3.29}$$

式中：$H(k_x,k_y)$ 为波高谱，从波高谱到散射谱的倾斜调制函数则为

$$T^t(k_x,k_y) = \frac{1}{\sigma_0}\left(\frac{\partial\sigma}{\partial Z_x}ik_x + \frac{\partial\sigma}{\partial Z_y}ik_y\right) \tag{3.30}$$

当局部区域存在一定倾角时，本地坐标系与全局坐标系关系如图 3.2 所示。其中，$\theta_i$ 为全局入射角，入射波矢量在 $xoz$ 平面内，入射方位角 $\varphi_i=0$；$\hat{\mathbf{k}}_i = \sin\theta_i\hat{\mathbf{x}} - \cos\theta_i\hat{\mathbf{z}}$ 表示入射方向单位矢量；$(x,y,z)$ 为全局坐标系，假设海面法线 $z$ 在 $x$ 方向偏角为 $\theta$，在 $y$ 方向偏角为 $\delta$，经过旋转后，海面本地坐标系的法线为 $z'$ 轴；也就是说，由于海面大尺度波浪随着空间位置的变化有不同的坡度，会使得在海面大尺度波浪不同的波面位置处有不同的倾角 $(\theta,\delta)$，这样的倾角最终会导致全局坐标系和本地坐标系之间的转换，从而使得在不同的海面大尺度波浪的波面位置处产生新的本地观测角度 $(\theta_i',\theta_s',\varphi_i',\varphi_s')$ 以及本地布拉格波数矢量 $\mathbf{k}_B'$。

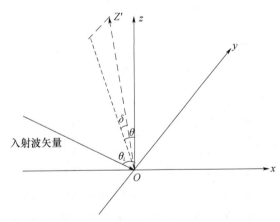

图 3.2   倾斜调制几何示意图

由于本地坐标系与全局坐标系不同从而改变入射反射波数 $\hat{\mathbf{k}}_i$，并且极化方向也会产生变化，如图 3.2 所示。本地坐标系 $z'$ 轴和全局坐标系 $z$ 轴之间的关系为

$$\hat{z}' = \frac{-s_p}{\sqrt{1+s_p^2+s_n^2}}\hat{\mathbf{x}} + \frac{-s_n}{\sqrt{1+s_p^2+s_n^2}}\hat{\mathbf{y}} + \frac{1}{\sqrt{1+s_p^2+s_n^2}}\hat{\mathbf{z}} \tag{3.31}$$

式中：$s_p$、$s_n$ 分别表示 $x$、$y$ 轴方向的坡度：

$$\theta = \arctan(-s_p) \tag{3.32}$$

$$\delta = \arctan(s_n \cos\theta) \tag{3.33}$$

根据上面的坐标转换，可以求出本地观测角度 $(\theta'_i, \varphi'_i)$：

$$\theta'_i = \arccos[\cos(\theta+\theta_i)\cos\delta] \tag{3.34}$$

$$\varphi'_i = \arctan\left(\frac{-\sin\theta_i\sin\delta\sin\theta + \cos\theta_i\sin\delta\cos\theta}{\sin\theta_i\cos\theta + \cos\theta_i\sin\theta}\right) \tag{3.35}$$

本地布拉格波数矢量为

$$\mathbf{k}'_B = \begin{pmatrix} k'_{bx} \\ k'_{by} \end{pmatrix} = \begin{pmatrix} -2k_e\sin\theta'_i\cos\varphi'_i \\ -2k_e\sin\theta'_i\sin\varphi'_i \end{pmatrix} \tag{3.36}$$

式中：$k_e$ 为雷达发射电磁波波数大小。

全局坐标中某个极化方向入射波 $\mathbf{E}_0$ 在本地坐标系中可以看作一个水平和一个垂直入射波之和：

$$\mathbf{E}_p = [(\mathbf{H}'\cdot\mathbf{p}) + (\mathbf{V}'\cdot\mathbf{p})]E_p = E_{H'} + E_{V'} \tag{3.37}$$

式中：$p$ 为发射波极化方向，$H$、$V$ 为全局坐标系中入射波的水平、垂直极化方向，$\mathbf{H}'$、$\mathbf{V}'$ 为本地坐标系中入射波的水平、垂直极化方向。本地坐标系中的极化散射矩阵为：

$$\begin{bmatrix} E^s_{V'} \\ E^s_{H'} \end{bmatrix} = \begin{bmatrix} S_{V_s'V'} & S_{V_s'H'} \\ S_{H_s'V'} & S_{H_s'H'} \end{bmatrix} \begin{bmatrix} E_{V'} \\ E_{H'} \end{bmatrix} \tag{3.38}$$

式中：$S_{q'p'}$ 表示单位入射场的散射场，也即极化因子；$\mathbf{H}_s$、$\mathbf{V}_s$ 为全局坐标系中散射波的水平、垂直极化方向；$\mathbf{H}'_s$、$\mathbf{V}'_s$ 为本地坐标系中散射波的水平、垂直极化方向。所以接收场强为：

$$E_q = [\mathbf{V}\cdot\mathbf{q} \quad \mathbf{H}\cdot\mathbf{q}] \begin{bmatrix} \mathbf{V}\cdot\mathbf{V}' & \mathbf{V}\cdot\mathbf{H}' \\ \mathbf{H}\cdot\mathbf{V}' & \mathbf{H}\cdot\mathbf{H}' \end{bmatrix} \begin{bmatrix} S_{V'V'} & S_{V'H'} \\ S_{H'V'} & S_{H'H'} \end{bmatrix} \begin{bmatrix} \mathbf{V}\cdot\mathbf{V}' & \mathbf{V}\cdot\mathbf{H}' \\ \mathbf{H}\cdot\mathbf{V}' & \mathbf{H}\cdot\mathbf{H}' \end{bmatrix} \begin{bmatrix} \mathbf{V}\cdot\mathbf{p} \\ \mathbf{H}\cdot\mathbf{p} \end{bmatrix} E_p \tag{3.39}$$

全局坐标系下的极化因子为：

$$\begin{aligned} |\Gamma_{qp}|^2 = & (\mathbf{q}\cdot\mathbf{V}')^2|S_{V'V'}|^2(\mathbf{V}'\cdot\mathbf{p})^2 + (\mathbf{q}\cdot\mathbf{H}')^2|S_{H'V'}|^2(\mathbf{V}'\cdot\mathbf{p})^2 \\ & + (\mathbf{q}\cdot\mathbf{V}')^2|S_{V'H'}|^2(\mathbf{H}'\cdot\mathbf{p})^2 + (\mathbf{q}\cdot\mathbf{H}')^2|S_{H'H'}|^2(\mathbf{H}'\cdot\mathbf{p})^2 \\ & + 2(\mathbf{q}\cdot\mathbf{V}')(\mathbf{V}'\cdot\mathbf{p})(\mathbf{q}\cdot\mathbf{H}')(\mathbf{V}'\cdot\mathbf{p})\mathrm{Re}\{S_{V'V'}S^*_{H'V'}\} \\ & + 2(\mathbf{q}\cdot\mathbf{V}')(\mathbf{V}'\cdot\mathbf{p})(\mathbf{q}\cdot\mathbf{V}')(\mathbf{H}'\cdot\mathbf{p})\mathrm{Re}\{S_{V'V'}S^*_{V'H'}\} \\ & + 2(\mathbf{q}\cdot\mathbf{V}')(\mathbf{V}'\cdot\mathbf{p})(\mathbf{q}\cdot\mathbf{H}')(\mathbf{H}'\cdot\mathbf{p})\mathrm{Re}\{S_{V'V'}S^*_{H'H'}\} \\ & + 2(\mathbf{q}\cdot\mathbf{H}')(\mathbf{V}'\cdot\mathbf{p})(\mathbf{q}\cdot\mathbf{V}')(\mathbf{H}'\cdot\mathbf{p})\mathrm{Re}\{S_{H'V'}S^*_{V'H'}\} \\ & + 2(\mathbf{q}\cdot\mathbf{H}'_s)(\mathbf{V}'\cdot\mathbf{p})(\mathbf{q}\cdot\mathbf{H}'_s)(\mathbf{H}'\cdot\mathbf{p})\mathrm{Re}\{S_{H'V'}S^*_{H'H'}\} \\ & + 2(\mathbf{q}\cdot\mathbf{V}'_s)(\mathbf{H}'\cdot\mathbf{p})(\mathbf{q}\cdot\mathbf{H}'_s)(\mathbf{H}'\cdot\mathbf{p})\mathrm{Re}\{S_{V'H'}S^*_{H'H'}\} \end{aligned} \tag{3.40}$$

每个局部散射都可以分为大、中、小 3 种散射分量，这 3 种分量都与局部的倾角和波浪谱有关，都要受海面倾斜调制和流体动力调制的影响，因此需要将海面划分为 3 种尺度网格：

- 计算整个海面的大尺度散射；
- 按 $\Delta_l = 2\pi/k_l$ 将海面分为中尺度网格，计算每个网格的中尺度散射；
- 在每个中尺度网格内按 $\Delta_s = 2\pi/k_s$ 划分小尺度网格，计算每个网格的小尺度散射。

由于每个网格都有其不同的局部坡度和局部波浪谱，从而导致散射值不同。如果每个网格都计算其局部的大、中、小尺度散射，其计算量非常大，而且由于差值等计算误差，精度也不高。

在一个雷达分辨单元内，大尺度和中尺度散射可以认为是不变的，因此对散射值求平均可得：

$$\langle \sigma_{qp} \rangle = \sigma_{qp}^l + \sigma_{qp}^i + \langle \sigma_{qp}^s \rangle \tag{3.41}$$

小尺度散射可以表示为

$$\sigma_{qp}^s(\mathbf{x}) \approx T(Z_x, Z_y) W(\mathbf{k}_H - \mathbf{k}_{sH}) \tag{3.42}$$

式中：$T(Z_x, Z_y) = \sqrt{1 + Z_x^2 + Z_y^2}\, \pi k^2 \,|\Gamma_{qp}'|^2 (k_{sz} - k_z)^2$，$Z_x$，$Z_y$ 为 $x$ 位置的坡度，$\sqrt{1 + Z_x^2 + Z_y^2}$ 为本地坐标倾斜后面积加权因子，$\Gamma_{qp}'$ 为本地坐标系中的极化因子。

假设波高傅里叶展开为

$$h(\mathbf{x}) = \int H(\mathbf{k}) \exp(i\mathbf{k} \cdot \mathbf{x}) + c.c.\, \mathrm{d}\mathbf{k} \tag{3.43}$$

式中：$H(\mathbf{k})$ 为波高谱，与波谱 $W(\mathbf{k})$ 关系满足

$$\langle H(\mathbf{k}_1) H^*(\mathbf{k}_2) \rangle = \begin{cases} \dfrac{1}{2} W(\mathbf{k}_1) & \mathbf{k}_1 = \mathbf{k}_2 \\ 0 & \mathbf{k}_1 \neq \mathbf{k}_2 \end{cases} \tag{3.44}$$

则坡度可以表示为

$$Z_x = \int i k_x H(k) \exp(i\mathbf{k} \cdot \mathbf{x}) + c.c.\, \mathrm{d}\mathbf{k} \tag{3.45}$$

$$Z_y = \int i k_y H(k) \exp(i\mathbf{k} \cdot \mathbf{x}) + c.c.\, \mathrm{d}\mathbf{k} \tag{3.46}$$

式中：$c.c.$ 表示共轭对称。将式（3.42）进行泰勒展开，忽略 3 次以上项，并考虑大尺度和中尺度波浪对 Bragg 波谱的流体力学调制，可以得到

$$\begin{aligned}
\sigma_{qp}^s(\mathbf{x}) = T(0,0) &\Big( 1 + \frac{\partial T}{\partial Z_x} Z_x + \frac{\partial T}{\partial Z_y} Z_y + \frac{1}{2} \frac{\partial^2 T}{\partial Z_x^2} Z_x^2 \\
&+ \frac{1}{2} \frac{\partial^2 T}{\partial Z_y^2} Z_y^2 + \frac{\partial^2 T}{\partial Z_x \partial Z_y} Z_x Z_y \Big) \Big[ 1 + \int H(\mathbf{k}) T^h(\mathbf{k}) \exp(i\mathbf{k} \cdot \mathbf{x}) + c.c.\, \mathrm{d}\mathbf{k} \Big]
\end{aligned} \tag{3.47}$$

式中：$\sigma_{qp0}^s$ 表示以一个分辨单元内平均坡度和 Bragg 波谱计算的 Bragg 散射，$T^h(\mathbf{k})$ 表示流体力学调制系数。这样

$$\begin{aligned}
\langle \sigma_{qp}^s(\mathbf{x}) \rangle = \sigma_{qp0}^s + \int_{k_{res} < |k| < k_s} &\Big\{ \mathrm{Re}\Big[ i\Big( \frac{\partial T}{\partial Z_x} k_x + \frac{\partial T}{\partial Z_y} k_y \Big) H(\mathbf{k}) \Big] \\
&+ \frac{1}{2} \frac{\partial^2 T}{\partial Z_x^2} k_x^2 + \frac{1}{2} \frac{\partial^2 T}{\partial Z_y^2} k_y^2 + \frac{\partial^2 T}{\partial Z_x \partial Z_y} k_x k_y \Big\} W(\mathbf{k})\, \mathrm{d}\mathbf{k} = \sigma_{qp0}^s + \sigma_{qp2}^s
\end{aligned} \tag{3.48}$$

式中：$k_{res}$ 为分辨单元对应的波数，$k_s$ 为小尺度网格对应的波数。式中右侧第二项 $\sigma_{qp2}^s$ 表示由于尺度小于雷达分辨单元的波浪对 Bragg 散射的二阶调制作用。所以，一个分辨单元的散射值包含 4 个部分：以该分辨单元平均坡度计算的大、中、小尺度散射，以及尺度小于分辨单元的波浪的二阶调制作用

$$\sigma_{qp} = \sigma_{qp}^l + \sigma_{qp}^i + \sigma_{qp0}^s + \sigma_{qp2}^s \qquad (3.49)$$

### 3.1.2.2　NRCS 仿真模型与实测对比

图 3.3 给出了目散射模型仿真结果与公开文献中的实测结果的对比。其中，入射波频率为 5.3 GHz，入射角为 45°，VV 极化状态下，仿真得到平均海面雷达后向散射系数随风速的变化关系。图中分别给出逆风、顺风和侧风时的模型结果和该条件下 RACS 实测数据。可以看出，后向散射系数从大到小排列依次为：逆风、顺风、侧风。它们随风速都近似成指数关系增加。模型结果与实测数据相吻合。

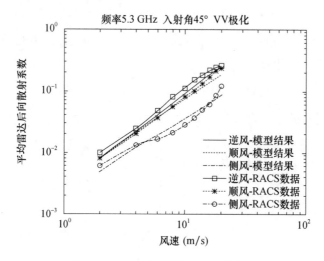

图 3.3　NRCS 系数随风速的变化关系

图 3.4 表示入射波频率 14 GHz，入射角 10°，风速 8 m/s，VV 极化状态下，平均海面雷达后向散射系数随方位角的变化关系。从图 3.4 中可以看出，模型结果近似成正弦形状，在量级上和 CW 实测数据吻合较好，说明该模型不仅能模拟中等入射角的后向散射特性，也能正确地模拟低入射角的后向散射特性，原因在于本项目的模型不仅考虑布拉格波浪的散射，还考虑了中尺度波和大尺度波浪散射的影响。众所周知，在近垂直入射区域，大尺度准镜面反射为主要散射机制。本项目中测量海面高度场就是采用小入射角，因此项目组采用的三尺度二阶模型适合用于本项目的仿真。

图 3.5 ~ 图 3.7 分别表示入射角 30°，风速 10 m/s 时，方位平均雷达后向散射系数、逆风/侧风后向散射系数比率、逆风/顺风后向散射系数比率随入射波频率的变化关系。可以看出，模型结果能较好地反映实测数据随入射波频率的变化趋势。该结果比 Plant 在文献中利用随机多尺度模型得到的结果更接近实测数据，原因在于本项目考虑了二阶布拉格波浪散射的影响。

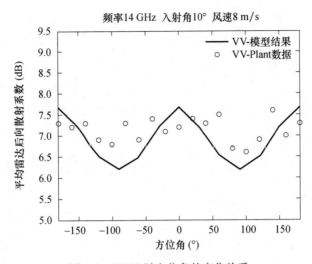

图 3.4 NRCS 随方位角的变化关系

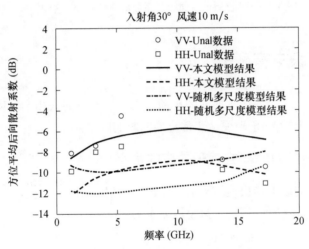

图 3.5 NRCS 随频率的变化关系

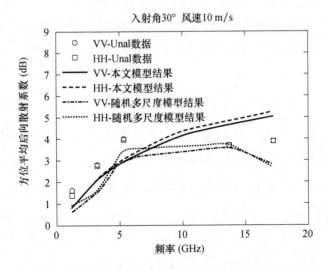

图 3.6 逆风/侧风后向散射系数比率随频率的变化关系

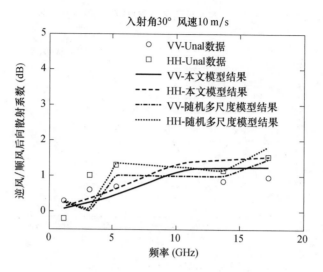

图 3.7　逆风/顺风后向散射系数比率随频率的变化关系

## 3.2　主要气象灾害概况

海面动态特性包括海面仿真面元的运动,也包括散射的去相干效应,其中尤其是散射去相干效应对于干涉 SAR 来说是非常重要的影响因素。

### 3.2.1　海面散射时间去相干效应的仿真

小于面元尺度的波浪的快速运动会导致海面散射去相干。

海面散射的归一化时间相关函数可以表示为

$$\frac{\langle \rho(\mathbf{x}, t_0 + t) \rho^*(\mathbf{x}, t_0) \rangle}{\sigma_0(\mathbf{x})} = \exp\left(-\frac{t^2}{T_c^2}\right) \tag{3.50}$$

式中:$\rho(\mathbf{x}, t)$ 为海面复反射系数,$\sigma_0(\mathbf{x})$ 为海面散射截面,$T_c$ 为海面相干时间。

海面相干时间对于海面 SAR 成像有非常重要的意义,只有散射系数仿真中体现了随机去相干效应才能将海面方位向分辨率下降效应仿真出来。海面相干时间因子可以表示为

$$T_c = \frac{1}{\sqrt{2} k_e \sigma_v} \tag{3.51}$$

式中:$k_e$ 为电磁波长,$\sigma_v$ 为一个面元内部的径向扰动方差,该数值取决于面元内部波浪随机运动引起的扰动。$\sigma_v$ 的计算公式如下[8]:

$$\sigma_v^2 = \int_{K_{\min}}^{\infty} (\cos^2\theta + \sin^2\theta \sin^2\phi) \Omega_K^2 S_\eta(\mathbf{K}) \mathrm{d}\mathbf{K} \tag{3.52}$$

式中:$S_\eta(\mathbf{K})$ 为波浪谱,$\theta$ 为雷达入射角,$\varphi$ 为波浪传播方向与入射面的夹角,$\Omega_K$ 为波数为 $\mathbf{K}$ 的波浪对应的振动频率,由下式计算

$$\Omega_K = \sqrt{g|\mathbf{K}| + T|\mathbf{K}|^3} \tag{3.53}$$

式中：$g$ 为重力加速度，$T$ 为水的表面张力和密度之比，$T \approx 7.4 \times 10^{-5}$。

对于这类相关随机序列的仿真方法，可以借鉴雷达动态杂波的零记忆非线性变换法（Zero Memory Nonlinearity, ZMNL）进行仿真。根据平稳随机过程的特性，可以用如下信号模型进行建模：

$$r(\mathbf{x},t) = n(t) \otimes h(t) \tag{3.54}$$

式中：$n(t)$ 为功率为 1 的高斯复数白噪声，$\otimes$ 表示卷积，$h(t)$ 为系统点响应函数，与相干时间 $\tau_c(\mathbf{x})$ 满足如下关系：

$$h(t) = \exp\left\{ -\frac{1}{2}\left[\frac{t}{\tau_c(\mathbf{x})}\right]^2 \right\} \tag{3.55}$$

理论上 $h(t)$ 是一个无限长的响应函数，但是一般只需要仿真到 $t = \sqrt{2}\,\tau_c(\mathbf{x})$ 即可。式（3.54）卷积积分离散化后可以表示为

$$r(\mathbf{x},m) = \sum_{i=0}^{N} n(m-i)h(i) \tag{3.56}$$

复散射系数可以表示为

$$\rho(\mathbf{x},m\Delta t) = \sqrt{\sigma(\mathbf{x})}\,r(\mathbf{x},m) \tag{3.57}$$

### 3.2.2　交轨残余基线去相干效应的仿真

理想的顺轨干涉 SAR 要求基线严格与方位向平行，但在实际的交轨干涉 SAR 系统中由于平台姿态误差、基线误差、卫星编队绕飞等原因，都会导致基线在交轨方向还存在残余误差。交轨方向基线会给两个干涉通道带来一定的去相干效应，主要包括：

- 空间基线去相干

$$\rho_B = 1 - \frac{2B_{\perp}\cos\theta r_r}{\lambda R_0} \tag{3.58}$$

式中：$B_{\perp}$ 为垂直视线方向基线的投影长度，$\theta$ 为雷达入射角，$r_r$ 为距离向分辨率，$\lambda$ 为电磁波长，$R_0$ 为斜距。

- 体散射去相关

由海浪体散射引起体积去相关：

$$\rho_A \approx e^{-2\sigma^2_h\left(\frac{kB_{\perp}}{\xi\sin\theta}\right)^2} \tag{3.59}$$

式中：$\sigma_h$ 为海面高度标准差，与海面有效波高相关，$SWH = 4\sigma_h$（SWH 为海面有效波高）。$\xi$ 与地球曲率相关：

$$\xi = \frac{2(H+R_E)^2}{(H^2 + 2HR_E + r^2)R_E}\,r^2 \tag{3.60}$$

式中：$R_E$ 为地球半径，$H$ 为卫星高度。

在进行仿真两个通道回波时场景面元的散射系数必须加上一个随机相位才能保证两个通道回波能体现空间基线去相干和体散射去相干效应，两个通道回波仿真时场景复散射系数满足

$$\rho_2(\mathbf{x}) \approx \rho_1(\mathbf{x})\exp(j\varphi_n) \tag{3.61}$$

式中：$\rho_1(\mathbf{x})$、$\rho_2(\mathbf{x})$ 分别为两个通道对应的场景复散射系数，$\mathbf{x}$ 为场景位置，$\varphi_n$ 为高斯白噪声随机相位，其方差满足

$$\mathrm{var}(\varphi_n) = -2\ln(\rho_A\rho_B) \tag{3.62}$$

### 3.2.3 海面运动效应的仿真

海面运动会导致速度聚束效应，这也是 SAR 海浪成像里面最复杂也是非线性最强的调制效应，要研究清楚速度聚束效应必须在仿真中充分体现海面运动的影响。海面运动不是简单的匀速运动，而是符合一定波浪色散关系的各种波浪分量运动的叠加：

$$V_x(\mathbf{x},t) = 2\mathrm{Re}\left\{\cos[\alpha(\mathbf{K})]\iint\omega\sqrt{\psi(\mathbf{K})}\exp[j(\mathbf{K}\cdot\mathbf{x}-\omega t)+\phi_0(\mathbf{K})]\mathrm{d}\mathbf{K}\right\}+U(\mathbf{x}) \tag{3.63}$$

$$V_y(\mathbf{x},t) = 2\mathrm{Re}\left\{\cos[\alpha(\mathbf{K})]\iint\omega\sqrt{\psi(\mathbf{K})}\exp[j(\mathbf{K}\cdot\mathbf{x}-\omega t)+\phi_0(\mathbf{K})]\mathrm{d}\mathbf{K}\right\}+V(\mathbf{x}) \tag{3.64}$$

$$V_z(\mathbf{x},t) = 2\mathrm{Re}\left\{\iint -j\omega\sqrt{\psi(\mathbf{K})}\exp[j(\mathbf{K}\cdot\mathbf{x}-\omega t)+\phi_0(\mathbf{K})]\mathrm{d}\mathbf{K}\right\} \tag{3.65}$$

式中：$V_x(\mathbf{x},t)$、$V_y(\mathbf{x},t)$、$V_z(\mathbf{x},t)$ 分别为海面波浪在 3 个方向的速度，$U(\mathbf{x})$ 和 $V(\mathbf{x})$ 分别为海面流场在 $x$ 方向和 $y$ 方向的分量，$\Psi(\mathbf{K})$ 为波浪谱，$\mathbf{K}$ 为波浪波数矢量，$\omega$ 为波浪振动频率，对于波浪来说，振动频率与波数要满足一定色散关系，对于深水区域来说，$\omega=\sqrt{g|\mathbf{K}|}$，$\varphi_0(\mathbf{K})$ 为随机相位，$\alpha(\mathbf{K})$ 为波浪传播方向角。

$x$、$y$、$z$ 3 个方向的位移量则是 3 个速度的积分：

$$D_x(\mathbf{x},t)=\int V_x(\mathbf{x},t)\mathrm{d}t,\quad D_y(\mathbf{x},t)=\int V_y(\mathbf{x},t)\mathrm{d}t,\quad D_z(\mathbf{x},t)=\int V_z(\mathbf{x},t)\mathrm{d}t \tag{3.66}$$

位移量是通过斜距反映到回波的相位项中：

$$R(\mathbf{x},t)=\left|\mathbf{X}_p(t)-\mathbf{x}-[D_x(\mathbf{x},t)\quad D_y(\mathbf{x},t)\quad D_z(\mathbf{x},t)]\right| \tag{3.67}$$

式中：$\mathbf{X}_p(t)$ 为平台位置矢量，$[D_x(\mathbf{x},t)\quad D_y(\mathbf{x},t)\quad D_z(\mathbf{x},t)]$ 为时变位移矢量。

如果要准确计算每个脉冲时间的速度和位置，计算量也是惊人的，这里考虑到环扫 SAR 合成孔径时间较短，也可以采用线性化的思路，考虑将合成孔径时间内的速度进行分段线性化，例如，$x$ 方向速度可以表示为

$$V_x(\mathbf{x},t)\approx\begin{cases}V_x(\mathbf{x},t_1)+\dfrac{t-t_1}{t_2-t_1}[V_x(\mathbf{x},t_2)-V_x(\mathbf{x},t_1)] & t_1\leqslant t<t_2\\ V_x(\mathbf{x},t_2)+\dfrac{t-t_2}{t_3-t_2}[V_x(\mathbf{x},t_3)-V_x(\mathbf{x},t_2)] & t_2\leqslant t<t_3\\ \vdots & \vdots\\ V_x(\mathbf{x},t_n)+\dfrac{t-t_{n-1}}{t_n-t_{n-1}}[V_x(\mathbf{x},t_n)-V_x(\mathbf{x},t_{n-1})] & t_{n-1}\leqslant t<t_n\end{cases} \tag{3.68}$$

## 3.3 干涉 SAR 运动平台仿真

干涉 SAR 搭载在飞机、卫星或者分布式卫星上，跟随平台运动，平台的运动方式、运动误差、基线的误差都会对 SAR 成像以及干涉 SAR 图像处理都有很大的影响，因此平台仿真是干涉 SAR 仿真中的重要一环。本书按照机载干涉 SAR 和星载干涉 SAR 两种平台的仿真进行介绍。

### 3.3.1 机载平台仿真

#### 3.3.1.1 机载平台轨迹仿真

机载平台航迹采用以下两种方式仿真。

1. 理想匀速直线运动叠加误差进行仿真

理想的航迹为匀速直线运动：

$$x = x_0 + v_x t, y = y_0 + v_y t, z = z_0 + v_z t \tag{3.69}$$

式中：$x_0$、$y_0$、$z_0$ 分别是平台起始位置在三轴的坐标，$v_x$、$v_y$、$v_z$ 分别为平台速度在三轴上的分量，一般来说向上的速度 $v_z = 0$。

误差类型包括单频余弦型以及给定误差谱，航迹公式如下

$$x' = x + \Delta x, y' = y + \Delta y, z' = z + \Delta z \tag{3.70}$$

式中：$[x', y', z']$ 为平台实际位置，$[x, y, z]$ 为理想匀速直线轨迹，$[\Delta x, \Delta y, \Delta z]$ 为位置偏差。

$$\Delta x = \sum_{i=1}^{N} F_{xi} \cos(\omega_{xi} t + \varphi_{xi}) \Delta y = \sum_{i=1}^{N} F_{yi} \cos(\omega_{yi} t + \varphi_{yi}) \Delta z = \sum_{i=1}^{N} F_{zi} \cos(\omega_{zi} t + \varphi_{zi})$$

$$\tag{3.71}$$

其中 $F_{xi}$、$F_{yi}$、$F_{zi}$ 为三轴运动误差谱，对于单频扰动则只有一个频点。

2. 给定航迹曲线内插得到

给定航迹曲线上的一系列控制点，例如惯性导航装置记录的真实的机载 SAR 运动轨迹，并采用插值算法（例如，双线性、样条等插值算法）将其采样密度插值到与 PRF 相同的采样频率。

3. 仿真流程

根据仿真模型和相关表达式，平台运动仿真步骤与流程如下：

（1）根据回波设置提取平台运动参数设置，包括 3 个方向的平均速度。

（2）根据平台起始位置和运动方向的设置建立绝对坐标系。

（3）根据仿真设置计算脉冲数，建立平台轨迹数据位置矢量。

（4）根据系统起始时间和相关速度，计算每一脉冲的实际位置（根据实际速度）和理想航迹。

（5）根据实际航迹与理论航迹计算平台姿态数据。

（6）保存平台轨迹数据与姿态数据。

### 3.3.1.2 机载平台轨迹仿真

机载干涉 SAR 的基线主要受姿态误差的影响。

## 3.3.2 星载平台仿真

相对机载 SAR 来说，星载 SAR 运动中的随机误差基本可以忽略，这里主要介绍以天体力学里二体问题为理论基础的星载轨道和基线仿真方法。

### 3.3.2.1 星载 SAR 空间几何关系仿真

如果是单星干涉 SAR（两个干涉通道在一个卫星平台上）系统仿真，我们只需要仿真一个卫星的轨迹、速度等参数，如果是分布式干涉 SAR（两个干涉通道分布在多个卫星平台上），则需要仿真两个卫星平台的几何位置等参数。

在天体力学研究中，将如何确定两个物体在它们之间的相互作用力作用下的运动称为二体问题。卫星绕地球的运动主要受地球与卫星之间的引力支配，太阳、月球、行星的引力对卫星轨道的影响是非常小的，因此在进行初步近似分析时，可以忽略这些影响，于是就可以把它简化为二体问题的研究，能够得到对运动轨道描述的解析解。我们不对二体问题的研究进行详细的推导，仅利用其一些有关结论[9]。

由二体问题的研究可知，物体 Pi 绕物体 Pk 的运动是在通过 Pk 的一个平面（轨道平面）上进行的，在这个平面内的运动轨道是圆锥曲线，物体 Pk 处在圆锥曲的一个焦点上。由于地球卫星运动的轨道是椭圆轨道，因此，我们主要来描述椭圆轨道的一些特性。

1. 椭圆轨道方程

$$r = \frac{p}{1 + e\cos\theta} \tag{3.72}$$

式中：$\theta$ 表示真近心角。偏心率 $e$ 和半正焦距 $p$ 分别为

$$\theta = \sqrt{\frac{2EH^2}{\mu^2} + 1} \tag{3.73}$$

$$p = \frac{H^2}{\mu} \tag{3.74}$$

式中：$E$、$H$ 表示质点在平方反比力场中运动的两个运动常数。

2. 椭圆轨道的一般特性

图 3.8 给出了椭圆轨道的示意图，其中：

近心距

$$r_p = \frac{p}{1 + e} \tag{3.75}$$

远心距

$$r_a = \frac{p}{1 - e} \tag{3.76}$$

半长轴

$$a = \frac{1}{2}(r_p + r_a) = \frac{p}{1 - e^2} \tag{3.77}$$

焦点间距

$$2f = 2(a - r_p) = \frac{2pa}{1 - e^2} = 2ae \tag{3.78}$$

半短轴

$$b = \sqrt{a^2 - f^2} = a\sqrt{1 - e^2} \tag{3.79}$$

轨道周期

$$T = 2\pi\sqrt{\frac{a^3}{\mu}} \tag{3.80}$$

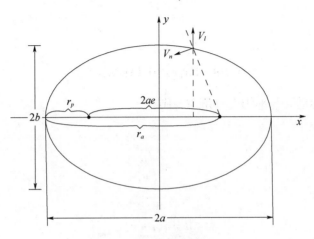

图 3.8　椭圆轨道的示意图

根据惠特克 L 定理：质点在椭圆轨道上的运动速度 $V$ 可以分解成垂直于长轴 $V_1$ 和正交于矢径的 $V_n$，这两个分量的大小在运动中是常数，即

$$V_t = \frac{\mu e}{H} \tag{3.81}$$

$$V_n = \frac{\mu}{H} \tag{3.82}$$

3. 椭圆轨道上位置和时间的关系

椭圆轨道上位置和时间的关系可以在引入偏心角 $E$ 的基础上，通过开普勒方程联系起来的。

偏近心角 $E$ 可以通过在椭圆外作一个辅助圆来确定，如图 3.9 所示，真近心角 $\theta$ 和偏心角 $E$ 的关系为

$$\tan\frac{\theta}{2} = \sqrt{\frac{1+e}{1-e}}\tan\frac{E}{2} \tag{3.83}$$

偏近心角可以由开普勒方程求出：

$$E - e\sin E = \sqrt{\frac{\mu}{a^3}}(t - \tau) \tag{3.84}$$

式中：$\tau$ 是运动质点经过椭圆轨道近心点的时刻。上面两式建立起真近心角 $\theta$ 和 $t$ 的关系。

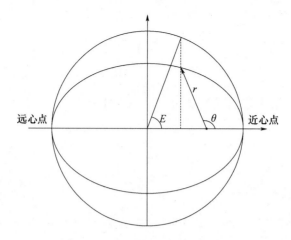

远心点　　近心点

图3.9　真近心角和偏心角的关系

定义平均角运动 $n$ 与平均近心角 $M$，则有

平均角运动 $n$

$$n = \sqrt{\frac{\mu}{a^3}} \qquad (3.85)$$

平均近心角 $M$

$$M = n(t-\tau) \qquad (3.86)$$

开普勒方程可表示为

$$E - e\sin E = M \qquad (3.87)$$

上述开普勒方程不可能解出位置随时间变化的显函数关系。由于 $r$、$\theta$、E 都是 $M$ 的周期性函数，可将这些变量展开成傅里叶级数，简化解析计算。

偏近心角 $E$ 和平均近心角 $M$ 的级数关系：

$$E = M + e\left(1 - \frac{1}{8}e^2 + \frac{1}{192}e^4\right)\sin M + e^2\left(\frac{1}{2} - \frac{1}{6}e^2\right)\sin 2M$$
$$+ e^3\left(\frac{3}{8} - \frac{27}{128}e^2\right)\sin 3M + \frac{1}{3}e^4\sin 4M + \frac{125}{384}e^5\sin 5M \qquad (3.88)$$

中心差（$\theta - M$）和平均近心角 $M$ 的级数关系：

$$\theta - M = e\left(2 - \frac{1}{4}e^2 + \frac{5}{96}e^4\right)\sin M + e^2\left(\frac{5}{4} - \frac{11}{24}e^2\right)\sin 2M + e^3\left(\frac{13}{12} - \frac{43}{64}e^2\right)\sin 3M$$
$$+ \frac{103}{96}e^4\sin 4M + \frac{1097}{960}e^5\sin 5M \qquad (3.89)$$

$r$ 和 $M$ 的级数关系：

$$\frac{r}{a} = 1 + \frac{1}{2}e^2 - e\left(1 - \frac{3}{8}e^2 + \frac{5}{192}e^4\right)\cos M - e^2\left(\frac{1}{2} - \frac{1}{3}e^2\right)\cos 2M$$
$$- e^3\left(\frac{3}{8} - \frac{45}{128}e^2\right)\cos 3M - \frac{1}{3}e^4\cos 4M - \frac{125}{384}e^5\cos 5M \qquad (3.90)$$

在上述的 3 个级数展开式中，忽略了 $e^6$ 以上的高次项，可以证明当偏心率 $e<0.662\ 7$ 时，这 3 个级数对所有 $M$ 都是收敛的。

4. 椭圆轨道要素

质点在椭圆轨道上的运动可以用 6 个轨道要素（也叫轨道根数）描述，如图 3.10 所示，这 6 个轨道要素分别是：半正焦距 $p$，偏心距 $e$，轨道倾角 $i$，近心角距 $\omega$，升交点赤径 $\Omega$，过近心点时刻 $\tau$。在任一时刻 $t$，椭圆轨道上运动的质点的位置可以由 6 个轨道根数确定。

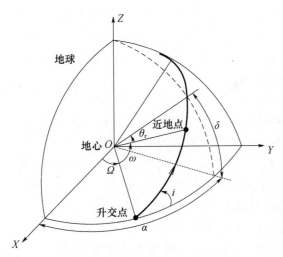

图 3.10　在不转动的地心赤道参考系中轨道平面的示意图

### 3.3.2.2　星地卫星转换关系仿真

为了能方便地建立目标和载荷之间的相互关系，共采用了 6 个直角坐标系，通过这 6 个坐标系之间的相互关系，可以很方便地描述雷达天线与地面坐标之间相互运动与位置变化。

1. 坐标系定义

（1）不转动的地心坐标系 $E_o$

坐标原点：地球球心；

$Z$ 轴：沿地球的自转轴指向正北极；

$X$ 轴：在赤道平面内，指向春分点；

$Y$ 轴：在赤道平面内，使该坐标系构成右手直角坐标系。

不转动的地心坐标系是在不转动的地心赤道参考系（惯性参考系）中建立的直角坐标系。

（2）转动的地心坐标系 $E_g$

坐标原点：地球球心；

$Z$ 轴：沿地球的自转轴指向正北极；

$X$ 轴：在赤道平面内，通过格林尼治子午线上半分支；

$Y$ 轴：在赤道平面内，使该坐标系构成右手坐标系。

（3）卫星轨道平面坐标系 $E_v$

坐标原点：卫星椭圆轨道的一个焦点（即地球球心）；

$Z$ 轴：垂直于卫星轨道平面，正向指向卫星的角动量矢量方向；

$Y$ 轴：在卫星平面内，正向指向近心点；

$X$ 轴：在卫星轨道平面内，使该坐标系构成右手直角坐标系。

（4）卫星平台坐标系 $E_r$

坐标原点：卫星质心；

$Z$ 轴：垂直于卫星轨道平面，正向指向卫星的角动量矢量方向；

$X$ 轴：在卫星轨道平面内，陀螺平台住纵轴方向（卫星的设计分性方向）；

$Y$ 轴：在卫星轨道平面内，使该坐标系构成右手直角坐标系。

（5）卫星星体坐标系 $E_e$

坐标原点：卫星质心；

$X$ 轴：沿卫星星体纵轴方向（卫星的真实飞行方向）；

$Y$ 轴、$Z$ 轴：沿卫星星体的另外两个惯性主轴方向。

（6）天线坐标系 $E_a$

坐标原点：天线相位中心点；

$X$ 轴：正向指向卫星的真实飞行方向；

$Y$ 轴：沿天线瞄准线，指向地球方向为正向；

$Z$ 轴：右手准则给出，使该坐标系构成右手直角坐标系。

2. 坐标系转换示意图及说明

图 3.11 给出了坐标系转换示意图，$A_{og}$ 为 $A_{go}$ 的逆矩阵（$A_{go} \cdot A_{og} = I$），以下类同。

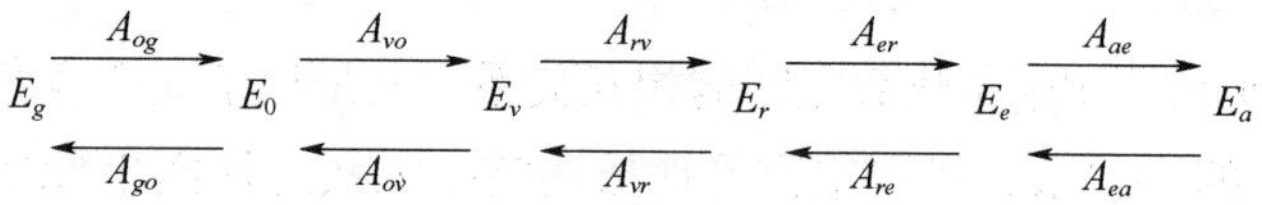

图 3.11　坐标系转换示意图

假定转动的地心坐标系与不转动的地心坐标系的重合时刻为 $\tau$，雷达发射脉冲时刻为 $t$：

（1）矩阵 $A_{og}$，$A_{go}$ 由 $\omega$，$e$，$t$ 及 $t_0$ 确定；

（2）矩阵 $A_{ov}$，$A_{vo}$ 由轨道 6 要素的 $I$，$e$，$\Omega$ 确定；

（3）矩阵 $A_{vr}$，$A_{rv}$ 由轨道 6 要素的 $a$，$e$，$\tau$ 及时刻 $t$ 确定；

（4）矩阵 $A_{re}$，$A_{er}$ 由卫星的 3 个误差角 $\psi$，$\theta$，$\Phi$ 确定；

（5）矩阵 $A_{ea}$，$A_{ae}$ 由天线视角 $\theta_L$ 确定。

在模型的整个模拟过程中，变换矩阵 $A_{ov}$，$A_{vo}$ 和 $A_{ea}$，$A_{ae}$ 基本是不变的，由初始计算确定。而变换矩阵 $A_{go}$，$A_{og}$，$A_{vr}$，$A_{rv}$，$A_{re}$，$A_{er}$ 是时刻变化的，对于每个发射脉冲都要计算一次。

3. 坐标变换矩阵的计算

（1）转动的地心坐标系 $E_g$/不转动的地心坐标系 $E_o$

$$E_g = A_{go} \cdot E_o \tag{3.91}$$

不转动的地心坐标系 $E_o$ 绕轴逆时针转过一个春分点的格林尼治时角 $H_G$ 就得到转动的地心坐标系 $E_g$。

$$H_G = \omega_e(t - t_0) \tag{3.92}$$

$$A_{go} = \begin{pmatrix} \cos H_G & \sin H_G & 0 \\ -\sin H_G & \cos H_G & 0 \\ 0 & 0 & 1 \end{pmatrix} \tag{3.93}$$

（2）不转动的地心坐标系 $E_o$/轨道平面坐标系 $E_v$

$$E_o = A_{ov} \cdot E_v \tag{3.94}$$

不转动的地心坐标系 $E_o$ 经 3 次旋转得到轨道平面坐标系 $E_v$。第一次，将不转动的地心坐标系绕 Z 轴逆时针旋转一个角 $\Omega$；第二次，将得到的坐标系再绕 X 轴逆时针旋转一个角度 $i$；第三次，再将所得坐标系绕 Z 轴逆时针旋转一个角度 $\omega$，最后得到轨道平面坐标系 $E_v$。

$$A_{ov} = \begin{pmatrix} \cos\omega & \sin\omega & 0 \\ -\sin\omega & \cos\omega & 0 \\ 0 & 0 & 1 \end{pmatrix} \begin{pmatrix} 1 & 0 & 0 \\ 0 & \cos i & \sin i \\ 0 & -\sin i & \cos i \end{pmatrix} \begin{pmatrix} \cos\Omega & \sin\Omega & 0 \\ -\sin\Omega & \cos\Omega & 0 \\ 0 & 0 & 1 \end{pmatrix} \tag{3.95}$$

（3）轨道平面坐标系 $E_v$/卫星平台坐标系 $E_r$

$$E_v = A_{vr} \cdot E_r \tag{3.96}$$

卫星平台坐标系 $E_r$ 绕 Z 轴逆时针旋转一个角度 $90° + \theta - \gamma$ 得到卫星轨道平面坐标系 $E_v$。其中，$\theta$ 是卫星的真近心角，$\gamma$ 是卫星的航迹角。

由真近心角与偏心角 $E$ 的对应关系求真近心角 $\theta$

$$E - e\sin E = \sqrt{\frac{\mu}{a^3}}(t - \tau) \tag{3.97}$$

$$\tan\frac{\theta}{2} = \sqrt{\frac{1+e}{1-e}}\tan\frac{E}{2} \tag{3.98}$$

航迹角 $\gamma$

$$\tan\gamma = \frac{e\sin\theta}{1 + e\cos\theta} \quad |\gamma| \leqslant 90° \tag{3.99}$$

$$A_{vr} = \begin{pmatrix} -\sin(\theta-\gamma) & -\cos(\theta-\gamma) & 0 \\ \cos(\theta-\gamma) & -\sin(\theta-\gamma) & 0 \\ 0 & 0 & 1 \end{pmatrix} \tag{3.100}$$

（4）卫星平台坐标系 $E_r$/卫星形体坐标系 $E_e$

$$E_r = A_{re} \cdot E_e \tag{3.101}$$

卫星星体坐标系 $E_e$ 经 3 次旋转得到卫星平台坐标系 $E_r$。第一次，将卫星星体坐标系 $E_e$ 绕 X 轴顺时针旋转一个横滚角度 $\theta_r$；第二次，将得到的坐标系绕 Z 轴顺时针旋转一个俯仰角度 $\theta_p$；第三次，再将所得到的坐标系绕 Y 轴逆时针旋转一个角度 $\theta_y$，最后得到卫星平台坐标系 $E_r$。

$$A_{re} = \begin{pmatrix} \cos\theta_y & 0 & -\sin\theta_y \\ 0 & 1 & 0 \\ \sin\theta_y & 0 & \cos\theta_y \end{pmatrix} \begin{pmatrix} \cos\theta_p & -\sin\theta_p & 0 \\ \sin\theta_p & \cos\theta_p & 0 \\ 0 & 0 & 1 \end{pmatrix} \begin{pmatrix} 1 & 0 & 0 \\ 0 & \cos\theta_r & -\sin\theta_r \\ 0 & \sin\theta_r & \cos\theta_r \end{pmatrix} \quad (3.102)$$

（5）卫星星体坐标系 $E_e$／天线坐标系 $E_a$

$$E_a = E_{ea} \cdot E_a \quad (3.103)$$

天线坐标系 $E_a$ 绕 $X$ 轴逆时针旋转一个角度 $\theta_L$ 得到卫星星体坐标系 $E_e$。

$$A_{ea} = \begin{pmatrix} 1 & 0 & 0 \\ 0 & \cos\theta_L & -\sin\theta_L \\ 0 & \sin\theta_L & \cos\theta_L \end{pmatrix} \quad (3.104)$$

这些变换矩阵的转置矩阵就是逆矩阵。

### 3.3.2.3 仿真模型中关键参数计算

在仿真过程中，事先做以下的前提约定：

（1）选择不转动的地心赤道参考系作为惯性参考系；

（2）假定地球是半长轴为 $E_a$，半短轴为 $E_b$，绕短轴以 $\omega_e$ 匀速转动的规则椭球体，地球表面上某点的位置可由其经度 $\Lambda$ 和纬度 $\varphi$ 来确定；

（3）不考虑摄动效应的影响，假定卫星在纯牛顿引力作用下沿开普勒轨道绕地球运动，其运动轨道是以地球的球心为一个焦点、长轴为 $a$、偏心率为 $e$ 的椭圆。卫星椭圆轨道同地球的空间几何关系为6个密切轨道要素（半长轴 $a$，偏心率 $e$，轨道倾角 $I$，近心角距 $\omega$，近心点赤径 $\Omega$，过近心点时刻 $\tau$）来确定；

（4）假定雷达天线瞄准线指向卫星运动方向的右侧，其天线视角为 $\theta_L$；

（5）卫星的姿态误差角为偏航角 $\psi$，俯仰角 $\theta$，滚转角 $\phi$。

1. 不转动地心坐标系中 $t$ 时刻卫星的位置

真近心角 $\theta$

$$E - e\sin E = \sqrt{\frac{\mu}{a^3}}(t - \tau) \quad (3.105)$$

$$\tan\frac{\theta}{2} = \sqrt{\frac{1+e}{1-e}}\tan\frac{E}{2} \quad (3.106)$$

极矢径 $r$

$$r = \frac{a(1-e^2)}{1+e\cos\theta} \quad (3.107)$$

$E_o$ 坐标系中 $t$ 时刻卫星的位置坐标 $(x_{os}, y_{os}, z_{os})$

$$\begin{pmatrix} x_{os} \\ y_{os} \\ z_{os} \end{pmatrix} = A_{ov} \cdot \begin{pmatrix} r\cos\theta \\ r\sin\theta \\ 0 \end{pmatrix} \quad (3.108)$$

2. 天线瞄准线 $t$ 时刻在地球表面的交点位置（经度 $\Lambda$、纬度 $\phi$）

假定天线相位中心相对于卫星星体坐标系 $E_e$ 的位置为 $(x_e, y_e, z_e)$：

（1）首先，计算不转动的地心坐标系中 $t$ 时刻的位置（$x_{os}$，$y_{os}$，$z_{os}$）；

（2）其次，建立天线坐标系中任一点（$x_a$，$y_a$，$z_a$）在转动的地心坐标系中的坐标（$x_a$，$y_e$，$z_e$）表达式，即

$$\begin{pmatrix} x_g \\ y_g \\ z_g \end{pmatrix} = A_{go}A_{ov}A_{vr}A_{re}A_{ea}\begin{pmatrix} x_a \\ y_a \\ z_a \end{pmatrix} + A_{go}\begin{pmatrix} x_{os} \\ y_{os} \\ z_{os} \end{pmatrix} + A_{go}A_{ov}A_{vr}A_{re}\begin{pmatrix} x_e \\ y_e \\ z_e \end{pmatrix} \tag{3.109}$$

（3）天线坐标系中瞄准点的位置坐标计算方法：由于天线坐标系的 $Y$ 轴与天线瞄准线重合，所以坐标系中瞄准点的坐标（$0$，$y$，$0$），代入第二步中的变换表达式，就得到转动的地心坐标系中的天线瞄准点的坐标

$$\begin{pmatrix} x_g \\ y_g \\ z_g \end{pmatrix} = A_{go}A_{ov}A_{vr}A_{re}A_{ea}\begin{pmatrix} 0 \\ y \\ 0 \end{pmatrix} + A_{go}\begin{pmatrix} x_{os} \\ y_{os} \\ z_{os} \end{pmatrix} + A_{go}A_{ov}A_{vr}A_{re}\begin{pmatrix} x_e \\ y_e \\ z_e \end{pmatrix} \tag{3.110}$$

将其代入转动的地心坐标系椭球体的地球模型中，求得 $y$（取最小值，舍最大值）。

（4）转动的地心坐标系中瞄准点的位置（经度 $\Lambda$、纬度 $\phi$）：

通过变换式求出瞄准点在转动的地心坐标系中的坐标（$x_{go}$，$y_{go}$，$z_{go}$）

$$\begin{pmatrix} x_g \\ y_g \\ z_g \end{pmatrix} = A_{go}A_{ov}A_{vr}A_{re}A_{ea}\begin{pmatrix} 0 \\ y \\ 0 \end{pmatrix} + A_{go}\begin{pmatrix} x_{os} \\ y_{os} \\ z_{os} \end{pmatrix} + A_{go}A_{ov}A_{vr}A_{re}\begin{pmatrix} x_e \\ y_e \\ z_e \end{pmatrix} \tag{3.111}$$

则有瞄准线经度 $\Lambda$ 为

$$\tan\Lambda = \frac{y_{go}}{x_{go}} \tag{3.112}$$

则有瞄准点纬度 $\phi$ 为

$$\sin\phi = \frac{z_{go}}{\sqrt{x_{go}^2 + y_{go}^2 + z_{go}^2}} \tag{3.113}$$

3. 卫星在 $t$ 时刻的位置、速度以及加速度

开普勒方程表示为

$$E - e\sin E = \sqrt{\frac{\mu}{a^3}}(t-\tau) \tag{3.114}$$

得到 $t$ 时刻真近心角 $\theta$

$$\tan\frac{\theta}{2} = \sqrt{\frac{1+e}{1-e}}\tan\frac{E}{2} \tag{3.115}$$

则有 $t$ 时刻矢径 $r$

$$r = \frac{a(1-e^2)}{1+e\cos\theta} \tag{3.116}$$

可得 $t$ 时刻卫星的位置矢量、速度矢量和加速度矢量

$$\vec{R_s} = \begin{pmatrix} x_{os} \\ y_{os} \\ z_{os} \end{pmatrix} = A_{ov} \begin{pmatrix} r\cos\theta \\ r\sin\theta \\ 0 \end{pmatrix} \tag{3.117}$$

$$\vec{V_s} = \begin{pmatrix} V_{sx} \\ V_{sy} \\ V_{sz} \end{pmatrix} = \sqrt{\frac{\mu}{a(1-e^2)}} A_{ov} \begin{pmatrix} -\sin\theta \\ e+\cos\theta \\ 0 \end{pmatrix} \tag{3.118}$$

$$\vec{A_s} = \begin{pmatrix} A_{sx} \\ A_{sy} \\ A_{sz} \end{pmatrix} = -\frac{\mu(1+e\cos\theta)^2}{a^2(1-e^2)^2} A_{ov} \begin{pmatrix} \cos\theta \\ \sin\theta \\ 0 \end{pmatrix} \tag{3.119}$$

式中：$\mu = GM$ 是地球的引力参数。

4. 瞄准点 $t$ 时刻的位置、速度和加速度

求瞄准点 $t$ 时刻在不转动地心坐标系中的位置，假定 $A_{go}=I$（地球不转动地心坐标系 $E_o$ 与转动的地心坐标系 $E_g$ 重合）。

（1）类似求瞄准点的经纬度的方法，求出瞄准点在不转动的地心坐标系中的位置矢量

$$\vec{R_\tau} = \begin{pmatrix} x_\tau \\ y_\tau \\ z_\tau \end{pmatrix} = A_{ov}A_{vr}A_{re}A_{ra}\begin{pmatrix} 0 \\ R \\ 0 \end{pmatrix} + \begin{pmatrix} x_{os} \\ y_{os} \\ z_{os} \end{pmatrix} + A_{ov}A_{vr}A_{re}\begin{pmatrix} x_e \\ y_e \\ z_e \end{pmatrix} \tag{3.120}$$

（2）由地球匀速转动的角速度

$$\vec{\omega_e} = [0, \ 0, \ \omega_e]T \tag{3.121}$$

则瞄准点处的速度矢量

$$\vec{V_T} = \begin{pmatrix} V_{Tx} \\ V_{Ty} \\ V_{Tz} \end{pmatrix} = \vec{\omega_e} \times \vec{R_T} = \begin{pmatrix} -\omega_e y_T \\ \omega_e x_T \\ 0 \end{pmatrix} \tag{3.122}$$

则瞄准点处的加速度矢量

$$\vec{A_T} = \begin{pmatrix} A_{Tx} \\ A_{Ty} \\ A_{Tz} \end{pmatrix} = \omega_e^2 \cdot \vec{R_T} = \begin{pmatrix} \omega_e^2 x_T \\ \omega_e^2 y_T \\ \omega_e^2 z_T \end{pmatrix} \tag{3.123}$$

5. 卫星与瞄准点的相对位置，相对速度及相对加速度

$$\vec{R_r} = \begin{pmatrix} x_T - x_{os} \\ y_T - y_{os} \\ z_T - z_{os} \end{pmatrix} \tag{3.124}$$

$$\vec{V}_r = \begin{pmatrix} V_{Tx} - V_{sx} \\ V_{Ty} - V_{sy} \\ V_{Tz} - V_{sz} \end{pmatrix} \tag{3.125}$$

$$\vec{A}_s = \begin{pmatrix} A_{Tx} - A_{sx} \\ A_{Ty} - A_{sy} \\ A_{Tz} - A_{sz} \end{pmatrix} \tag{3.126}$$

6. 地形场景中散射元的视线距离及视线夹角

由于地形场景中的散射元应在地球表面上，当提供的场景坐标系为平面坐标系时，散射元位置相对于场景中心给出，场景中心的经度为 $\Lambda_o$、纬度为 $\Phi_o$，散射元 $I$ 相对于场景中心的位置为 $(x_i, y_i)$，所以模拟时做了如下假定：

模型假定场景平面坐标系与过场景中心 $(\Lambda_o, \Phi_o)$ 的当地水平面重合，且 $X$ 轴沿南北方向，指北为正，$Y$ 轴沿东西方向，指东为正。用在地球表面上、离场景中心南北距离为 $x_i$，东西距离为 $y_i$ 的点 $S_i$ 代替场景坐标系中的散射元 $i$。

（1）地球表面上的点 $S_i$ 的经度、纬度及在转动的地心坐标系中的坐标 $(x_{gt}, y_{gt}, z_{gt})$

$$\phi_t = \phi_o + x_t \frac{\sqrt{E_b^2 \cos^2\phi_t + E_a^2 \sin^2\phi_t}}{E_a E_b} \tag{3.127}$$

$$\Lambda_t = \Lambda_o + y_t \frac{\sqrt{E_b^2 \cos^2\phi_t + E_a^2 \sin^2\phi_t}}{E_a E_b \cos\phi_t} \tag{3.128}$$

$$x_{gt} = \frac{E_a E_b \cos\phi_t \cos\Lambda_t}{\sqrt{E_b^2 \cos^2\phi_t + E_b^2 \sin^2\phi_t}} \tag{3.129}$$

$$y_{gt} = \frac{E_a E_b \cos\phi_t \sin\Lambda_t}{\sqrt{E_a^2 \cos^2\phi_t + E_b^2 \sin^2\phi_t}} \tag{3.130}$$

$$z_{gt} = \frac{E_a E_b \sin\phi_t}{\sqrt{E_a^2 \cos^2\phi_t + E_b^2 \sin^2\phi_t}} \tag{3.131}$$

（2）地球表面上的点 $S_i$ 在天线坐标系中的坐标

$$\begin{pmatrix} x_{at} \\ y_{at} \\ z_{at} \end{pmatrix} = A_{ae}A_{er}A_{rv}A_{vo}A_{og}\begin{pmatrix} x_{gt} \\ y_{gt} \\ z_{gt} \end{pmatrix} - A_{ae}A_{er}A_{rv}A_{vo}\begin{pmatrix} x_{os} \\ y_{os} \\ z_{os} \end{pmatrix} - A_{ae}\begin{pmatrix} x_e \\ y_e \\ z_e \end{pmatrix} \tag{3.132}$$

（3）视线距离、视线夹角

$$r_t = \left( x_{at}^2 + y_{at}^2 + z_{at}^2 \right)^{1/2} \tag{3.133}$$

$$\theta_t = \sin^{-1}\left[ \frac{x_{at}^2 + y_{at}^2}{x_{at}^2 + y_{at}^2 + z_{at}^2} \right]^{1/2} \tag{3.134}$$

### 3.3.2.3 干涉基线仿真

干涉基线是导致干涉相位差的本质原因，因此干涉基线的仿真在干涉 SAR 仿真中有非常重要的作用。对于机载干涉 SAR 来说，干涉基线是刚性基线，主要受到姿态的影响导致基线方向与方位向产生一定的夹角，从而引入交轨残余误差；对于星载 SAR 来说，分为单星干涉（两个干涉通道在一个卫星上）以及双星干涉（两个干涉通道分别在两个卫星上）两种情况，单星干涉类似机载干涉，都是刚性基线，干涉基线误差主要受到姿态的影响；双星干涉则由于两颗卫星轨道参数有一定的差异，导致基线长度和方向一直在变化。以下分为刚性基线和柔性基线两种方式的仿真进行介绍：

A）刚性基线

假设没有姿态误差情况下，理想基线矢量为

$$\mathbf{B} = \begin{bmatrix} B_x & B_y & B_z \end{bmatrix}^T \tag{3.135}$$

则在姿态误差影响下，基线矢量变为

$$\mathbf{B}' = A_{re}\mathbf{B} \tag{3.136}$$

其中 $A_{re}$ 为式（3.102）给出的姿态误差转换矩阵。

B）柔性基线

当两个干涉通道在两个卫星平台上，这时候基线就是两个卫星平台的天线中心位置的矢量差，此时的基线是时变基线：

$$\mathbf{B}(t) = \mathbf{X}_s(t) - \mathbf{X}_c(t) \tag{3.137}$$

其中 $\mathbf{X}_s(t)$、$\mathbf{X}_c(t)$ 分别为用两套卫星轨道参数仿真出来的 $t$ 时刻两个卫星平台的天线相位中心位置。

## 3.4 干涉 SAR 回波仿真

干涉 SAR 回波仿真与经典的单通道 SAR 基本相同，只不过需要仿真两个通道的斜距变化。干涉 SAR 回波的仿真主要包括如下部分：

### 3.4.1 斜距的仿真

为了方便后续的研究，先分析对于一个孤立点，其斜距有如下的近似公式：

$$R(t) \cong R_0 + \alpha(t - t_0) + \beta(t - t_0)^2, \quad |t - t_0| \leq \frac{T_s}{2} \tag{3.138}$$

其中：$\alpha$ 为一次项系数，$\beta$ 为二次项系数。

若发射脉冲信号时卫星与地面目标的斜距为 $R(t)$，则在接收时卫星与地面目标的斜距可近似为 $R\left[t + \frac{2R(t)}{c}\right]$，此时主天线回波信号从发射到接收经历的双程传输距离可表示为

$$R(t) + R\left[t + \frac{2R(t)}{c}\right]$$

$$\cong R(t) + R_0 + \alpha\left[t + \frac{2R(t)}{c} - t_0\right] + \beta\left[t + \frac{2R(t)}{c} - t_0\right]^2$$

$$= 2R(t) + \alpha\frac{2R(t)}{c} + 2\beta\frac{2R(t)}{c}(t - t_0) + \beta\left[\frac{2R(t)}{c}\right]^2 \qquad (3.139)$$

$$\cong 2R(t) + \alpha\frac{2R_0}{c} + 2\beta\frac{2R_0}{c}(t - t_0) + \beta\left(\frac{2R_0}{c}\right)^2$$

从上面的式子中可以看出，在区分发射时刻和接收时刻斜距变化的情况下，会引入 3 个附加项：2 个常数项和 1 个线性项。常数项对成像性能没有影响不需要补偿，而线性项可在去距离走动时进行补偿，因此在星载 SAR 回波信号分析时，可以忽略在发射回波与接收回波时斜距的变化，用发射时刻的斜距来近似代替接收时刻的斜距，也就是所谓的"停走假设"，进而简化分析的复杂性。在下面的分析中，如无特殊说明，均采用该模型。

对于干涉 SAR 来说需要仿真两个天线的斜距，两个天线的双程斜距可以分别表示为

$$R_1(t) = 2R(t) = 2\left|X_s(t) - X_t(t)\right|, R_2(t) = \left|X_s(t) - X_t(t)\right| + \left|X_c(t) - X_t(t)\right| \qquad (3.140)$$

其中：$B$ 为基线的空间矢量，$X_s(t)$、$X_c(t)$ 分别为发射脉冲的天线相位中心位置矢量，$X_t(t)$ 为目标面元时变位置矢量：

$$\mathbf{X_t}(t) = \mathbf{x} - \left[D_x(\mathbf{x},t) \quad D_y(\mathbf{x},t) \quad D_z(\mathbf{x},t)\right] \qquad (3.141)$$

其中：$\mathbf{X}$ 表示该面元的起始位置矢量，$\left[D_x(\mathbf{x},t) \quad D_y(\mathbf{x},t) \quad D_z(\mathbf{x},t)\right]$ 为该点在 $t$ 时刻的位移矢量，其计算方法如下。

### 3.4.2  回波的组成

对于固定目标来说，各子天线接收到的回波信号强度可以表示为方位向冲击响应和距离向冲击响应的卷积：

$$S_i(\tau, t_k) \cong h_{1,i}(\tau, t_k) \otimes_\tau h_2(\tau) \qquad (3.142)$$

其中：

$$h_{1,i}(\tau, t_k) = \iint\limits_S W_a(\mathbf{X_t}, t_k)\rho(\mathbf{X_t}, t_k) \times \exp\left[-j\frac{2\pi}{\lambda}R_i(\mathbf{X_t}, t_k)\right] \times \delta\left[\tau - \frac{R_i(\mathbf{X_t}, t_k)}{c}\right]d\mathbf{X_t}$$

$$\qquad (3.143)$$

$$h_2(\tau) = \alpha(\tau)\exp(-j\pi b\tau^2) \qquad (3.144)$$

式中：$\tau$、$t_k$ 分别表示距离向时间和方位向时间，$S$ 表示波束照射区域，$\rho(\mathbf{X_t}, t_k)$ 表示海面复散射系数，$W_a(\mathbf{X_t}, t_k)$ 表示调制因子，包括了天线方向图、斜距衰减等效应，$\otimes$ 表示对 $\tau$ 进行卷积，$b$ 表示调频斜率，$\lambda$ 表示波长，$c$ 表示光速，$R_i(\mathbf{X_t}, t_k)$ 为 $t_k$ 时刻第 $i$ 个天线相位中心与地面位置矢量 $\mathbf{X_t}$ 上目标间的斜距。

但是对于海面目标来说，海面无时不刻是在运动的，每个目标的运动速度和方向都是不同的，因此回波不具备移不变特性。对于一个方位门来说，延迟时间在毫秒量级以下，这种情况基本上可以理解为冻结海面，因此一个方位门的回波在距离向上可以认为具备移不变特性，可以表示为各个目标点的卷积形式。

假设接收系统总增益为 $G_s$（信号从天线到 A/D 采样器的总增益），并将海面离散化为多个小面元，则回波信号在 AD 可以用下式表达：

$$s_i(\tau, t_k) \cong \sqrt{G_s \Delta S} \sum_S \rho(\mathbf{X_t}, t_k) W_a(\mathbf{X_t}, t_k) \exp\left[-j\frac{2\pi}{\lambda} R_i(\mathbf{X_t}, t_k)\right]$$

$$h_2\left[\tau - \frac{R_i(\mathbf{X_t}, t_k)}{c}\right] + n_i(\tau, t_k), i = 1, 2 \tag{3.145}$$

其中：dS 为面元面积，$i$ 表示第 1 通道或者第 2 通道，$R_i(\mathbf{X_t}, t_k)$ 表示位于 $\mathbf{X_t}$ 位置矢量的目标到第 $i$ 通道天线的斜距，$n_i(\tau, t_k)$ 为系统噪声。

系统噪声采用高斯白噪声进行建模，其方差为

$$\langle n_i(\tau, t_k) n_i^*(\tau, t_k) \rangle = G_S K B T_0 F_s \tag{3.146}$$

其中：$K$ 为玻尔兹曼常熟，$B$ 为系统带宽，$T_0$ 为绝对温度，$F_s$ 为噪声系数。

### 3.4.3 复散射系数的仿真

$$\rho(\mathbf{X_t}, t_k) = \sqrt{\sigma(\mathbf{X_t}, t_k)} \exp\left\{j\left[(\varphi_0 + \varphi_n(\mathbf{X_t}, t_k) + \frac{4\pi D_r(\mathbf{X_t}, t_k)}{\lambda} + \varphi_{int}(\mathbf{X_t}, t_k)\right]\right\}$$

$$\tag{3.147}$$

其中：$\sigma(\mathbf{X_t}, t_k)$ 为位于 $\mathbf{X_t}$ 位置的散射面元在 $t_k$ 时刻的散射强度，$\varphi_0$ 为随机相位，$\varphi_n(\mathbf{X_t}, t_k)$ 为时间去相干相位，该相位的仿真方法在第 2 节中已经介绍了，$D_r(\mathbf{X_t}, t_k)$ 为位于 $\mathbf{X_t}$ 位置的散射面元在 $t_k$ 时刻的径向位移，该相位项的仿真方法在第 2 节中已经介绍了，$\varphi_i(\mathbf{X_t}, t_k)$ 为干涉 SAR 特有的空间去相干相位，由于该项是一个相对相位差，因此可以假定主通道的该项相位为 0，只仿真第二通道的空间去相干相位。

空间去相干性主要包括两种效应：

1）空间基线去相干

由于地面目标对于每个天线的实际视角存在不同，其相对相位中心也会产生偏差，由此引起的去相关叫作空间基线去相关。相干系数为

$$\rho_B = 1 - \frac{2B_\perp \cos\theta r_r}{\lambda R_0} \tag{3.148}$$

其中：$B_\perp$ 为垂直视线方向基线的投影长度，$\theta$ 为雷达入射角，$r_r$ 为距离向分辨率，$\lambda$ 为电磁波长，$R_0$ 为斜距。

2）角度去相干

角度去相关包含两种主要去相关效应，包括由海浪体散射引起体积去相关和天线工作方式与姿态稳定性引起的去相关。

$$\rho_A \approx e^{-2\sigma_{h2}\left(\frac{kB_\perp}{\rho\sin\theta_0}\right)^2} \qquad (3.149)$$

其中：$\sigma_h$ 为海面高度标准差，与海面有效波高相关，$SWH = 4\sigma_h$。$\rho$ 与地球曲率相关：

$$\rho = \frac{2(H + R_E)^2}{(H^2 + 2HR_E + r^2)} \frac{r^2}{R_E} \qquad (3.150)$$

其中：$R_E$ 为地球半径，$H$ 为卫星高度，$r$ 为斜距。

空间去相干相位因子可以采用高斯相位来进行仿真，其方差满足：

$$\langle \varphi_{\text{int}}^2(\mathbf{X_t}, t_k) \rangle = -2\ln(\rho_A \rho_B) \qquad (3.151)$$

### 3.4.4　调制因子的仿真

调制因子 $W_a(\mathbf{X_t}, t_k)$ 主要由天线、斜距和大气传播衰减因子决定，表达式如下：

$$W_a(\mathbf{X_t}, t_k) = \sqrt{\frac{P_t \cdot G^2[\mathbf{X_t}, \mathbf{X_c}(t_k)]\lambda}{4\pi^3 R_i^4(\mathbf{X_t}, t_k)L[R_i(\mathbf{X_t}, t_k)]L_s}} \qquad (3.152)$$

其中：$P_t$ 为发射功率，$G[\mathbf{X_t}, \mathbf{X_c}(t_k)]$ 为卫星位置与目标位置连线与天线法线夹角所形成的天线方向图，本项目中采用 sinc 型天线方向图。$L_s$ 为系统损耗，$L[R_i(\mathbf{X_t}, t_k)]$ 为大气衰减项：

$$L(R) = 10^{(\alpha R/20)} \qquad (3.153)$$

其中：$\alpha$ 为大气衰减因子。

### 3.4.5　回波仿真的实现

由于各个面元斜距的延迟未必在整数个采样点上，如果采用时域叠加法需要大量的插值运算，为了减小计算量，采用频域近似法实现回波仿真，将式（3.143）第 $m$ 个距离门的计算近似为

$$h_{1,i}(\tau_m, t_k) = \sum_{X_t \in S_m} W_a(\mathbf{X_t}, t_k)\rho(\mathbf{X_t}, t_k) \times \exp\left[-j\frac{2\pi}{\lambda}R_i(\mathbf{X_t}, t_k)\right]\sqrt{\Delta x \Delta y} \qquad (3.154)$$

其中：$\tau_m$ 为第 $m$ 个距离门对应的时延，$S_m$ 代表所有距离四舍五入后落在第 $m$ 个距离门的面元集合，也就是斜距满足如下关系：

$$\left[\frac{R_i(\mathbf{X_t}, t_k)}{\Delta R}\right] = m \qquad (3.155)$$

其中：$[\cdot]$ 为四舍五入取整，$\Delta R$ 为斜距采样率。

为了加速式（3.142）的计算，采用频域相乘来实现卷积运算：

$$S_i(\tau, t_k) = h_{1,i}(\tau, t_k) \otimes_\tau h_2(\tau) = IFFT\{FFT[h_{1,i}(\tau, t_k)]H_2(f)\} \qquad (3.156)$$

下面给出了顺轨干涉 SAR 回波信号仿真流程。

星载干涉 SAR 回波仿真流程如图 3.12 所示。

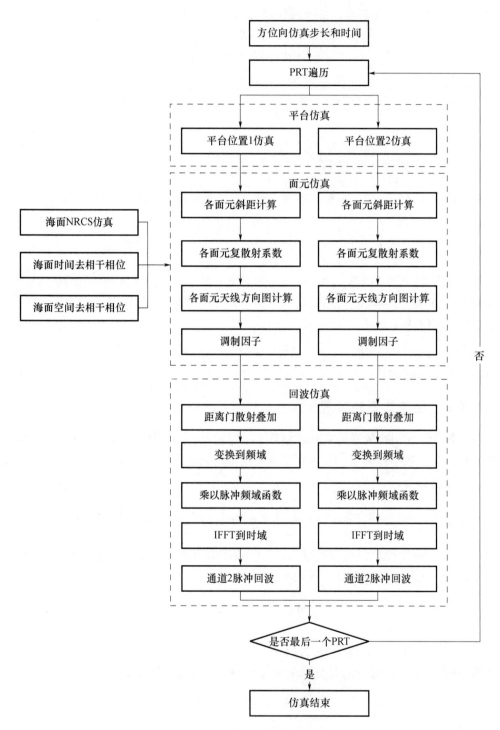

图 3.12 星载干涉 SAR 回波仿真流程

## 3.5 顺轨干涉 SAR 回波仿真实例分析

### 3.5.1  机载顺轨干涉 SAR 回波仿真实例分析

主要仿真参数设置如下。

| 参　数 | 指　标 |
|---|---|
| 载频（GHz） | 15 |
| 带宽（MHz） | 200 |
| 采样率（MHz） | 240 |
| 采样位数 | 8 |
| 脉冲重复频率（Hz） | 1 000 |
| 飞行高度（m） | 2 500 |
| 飞行速度（m/s） | 100 |
| 中心视角（°） | 45 |
| 方位向波束宽度（°） | 4 |
| 俯仰向波束宽度（°） | 24.8 |
| 海面风速（m/s） | 5 |
| 干涉基线长度（m） | 0.3 |
| 波束中心 NESZ（dB） | −30 |

场景内流场只在地距向上有值，在方位向流速为 0 m/s，地距向流速分布如图 3.13 所示。

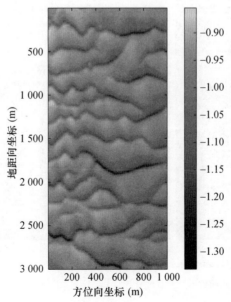

图 3.13　机载 SAR 仿真海面场景地距向流场分布

从仿真结果可以看出，由于该 SAR 系统是 Ku 波段，Ku 波段对波流调制效应不太敏感，因此该流场在 SAR 图像中由于风浪的干扰，SAR 图像难以观测［如图 3.14（a）所示］，但在干涉相位图［图 3.14（c）］和反演的多普勒流场图［图 3.14（d）］中比较显著。由于远端的信噪比较低。从图 3.14（b）中可以看出，在距离向远端信噪比较

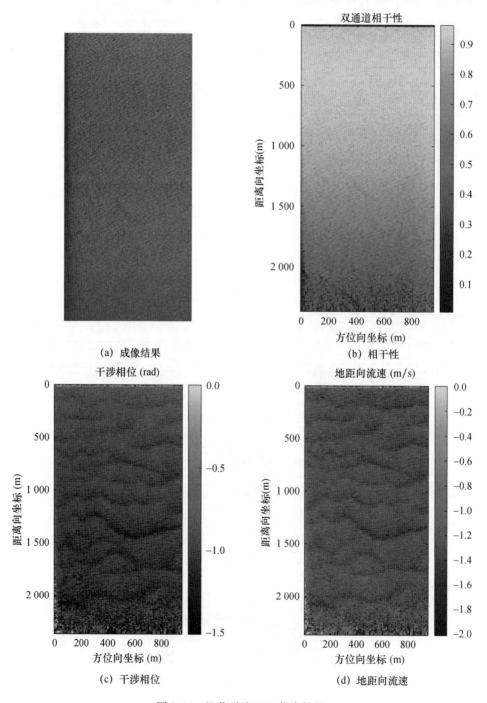

（a）成像结果

（b）相干性

（c）干涉相位

（d）地距向流速

图 3.14　机载干涉 SAR 仿真结果

低，导致相干性较差，从而导致图 3.14（c）的干涉相位和图 3.14（d）的地距向速度在远端噪声较大。从图 3.14（c）中可以看出，干涉相位呈现出近小远大的趋势，因为干涉相位反映的是径向速度的大小，二径向速度与地表速度的关系为

$$v_r = v\sin\theta \tag{3.157}$$

其中：$v_r$ 为径向速度，$v$ 为地表的地距向速度，$\theta$ 为入射角。图 3.14（d）给出的是地表的地距向速度，因此就去除了图 3.14（c）的近大远小的趋势。图 3.14（d）反映的是地距向的多普勒速度，其中地表流场速度只是其中一部分，还包含有人尺度波浪速度，Bragg 波相速度等成分，因此虽然形态与图 3.13 的地距向流场有一定相似性，但还不能简单的等同起来，要从多普勒速度反演得到地表流场还需要有进一步的处理，具体处理方法将在第 5 章中介绍。

### 3.5.2 星载顺轨干涉 SAR 回波仿真实例分析

本文星载干涉 SAR 仿真中卫星平台和雷达系统的主要参数采用我国的"高分三号"参数，主要仿真参数设置如下。

| 参　　数 | 指　　标 |
|---|---|
| 载频（GHz） | 5.4 |
| 带宽（MHz） | 40 |
| 采样率（MHz） | 66.67 |
| 采样位数 | 8 |
| 脉冲重复频率（Hz） | 1 312.7 |
| 轨道高度（km） | 755 |
| 轨道倾角（°） | 98.5 |
| 中心视角（°） | 30 |
| 方位向波束宽度（°） | 0.234 9 |
| 俯仰向波束宽度（°） | 0.955 2 |
| 海面风速（m/s） | 9.4 |
| 干涉基线长度（m） | 20 |
| 波束中心 NESZ（dB） | −30 |

流场场景与图 3.15 相似，只是拉伸到更大的尺度上，适于星载 SAR 的大范围观测，地距向流速分布如下所示：该场景中流场与 3.5.1 节中形态一致，但尺度放大了近 10 倍，因此流场梯度较小，另外仿真的海面风场较大，这些因素导致了波流调制效应在 SAR 图像上不敏感，几乎看不出流场的形态，但在干涉相位和地距向流速图像中流场比较清晰。

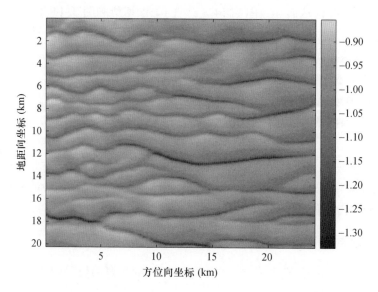

图 3.15　星载 SAR 仿真海面场景地距向流场分布

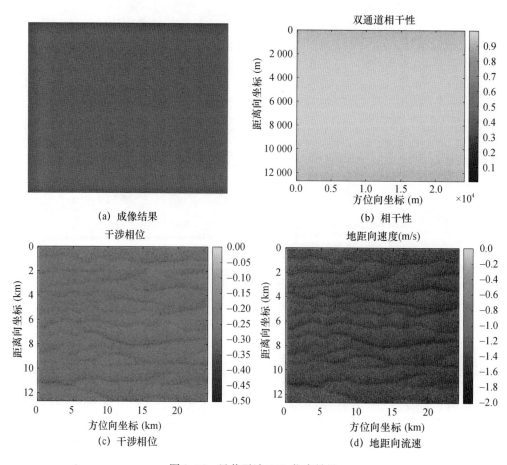

图 3.16　星载干涉 SAR 仿真结果

# 参考文献

［1］ Romeiser R and Aplers W. *An Improved Composite Surface Model for the Radar Backscattering Cross Section of the Ocean Surface*：1. *Theory of the Model and Optimization/Validation by Scatterometer Data*. Journal of Geophysical Research Oceans, 1997, 102（C11）：25237 – 25250.

［2］ Franceschetti G, Migliaccio M, and Riccio D. *On Ocean SAR Raw Signal Simulation*. IEEE Transactions on Geoscience and Remote Sensing, 1998, 36（1）：84 – 100.

［3］ Fung A K, Li Z and Chen K S. *Backscattering from a Randomly Rough Dielectric Surface*. IEEE Transactions on Geoscience and Remote Sensing, 1992, 30（2）：356 – 369.

［4］ 王小青，余颖，陈永强，等. 海面散射仿真中不同波浪谱和松弛率模型选取的对比研究. 电子与信息学报, 2010（2）：5.

［5］ 余颖. 海面微波成像和雷达遥感体制研究. 北京：中国科学院电子学研究所, 2009.

［6］ Plant W J. *A Stochastic, Multiscale Model of Microwave Backscatter From the Ocean*. Journal of Geophysical Research Oceans, 2002, 107（C9）.

［7］ Fung A K. *Microwave Scattering and Emission Models and Their Applications*, Artech House, 1994, Chapter 5.

［8］ Frasier S J and Camps A J. Dual – Beam Interferometry for Ocean Surface Current Vector Mapping. IEEE Transactions on Geoscience and Remote Sensing, 2001, 39（2）：401 – 414.

［9］ 章仁为. 卫星轨道姿态动力学与控制. 北京：北京航空航天大学出版社, 1998.

［10］ Alpers W R and Rufenach C L. *The Effect of Orbital Motion on Synthetic Aperture Radar Imaging of Ocean Waves*. IEEE Transactions on Antennas and Propagation, 1979, 27（5）：685 – 690.

［11］ Romeiser R and Thompson D R. *Numerical study on the along – track interferometric radar imaging mechanism of oceanic surface currents*. IEEE Transactions on Geoscience and Remote Sensing, 2000, 38（1）：446 – 485.

# 第4章 干涉 SAR 海洋流场观测系统设计与分析

顺轨干涉 SAR 的系统参数优化设计对于提高海洋流场探测性能,尤其是流场测量精度至关重要。如果缺乏对实际应用场景的考虑和具体应用需求的分析,同时缺乏量化指标来约束应用端与系统端的关系,将造成顺轨干涉 SAR 系统参数设计与流场测量精度具体需求脱节。星载顺轨干涉 SAR 系统参数设计是一个十分复杂的工作,本章主要以流场测量精度作为主要切入点,结合 SAR 海洋微波遥感的实际特点,系统地论述顺轨干涉 SAR 系统参数的优化设计问题。

## 4.1 干涉 SAR 系统误差因素分析

顺轨基线长度、卫星平台速度等系统参数存在误差时,都将引入流场测量误差。根据顺轨干涉 SAR 流场测量原理公式,分别建立顺轨基线长度、卫星飞行速度以及干涉相位误差同流场测量误差之间的传递公式:

$$\sigma_{u(\phi)} = -\frac{\lambda V_P}{4\pi B_{ATI}\sin\theta}\sigma_\phi \tag{4.1}$$

$$\sigma_{u(V_P)} = -\frac{\lambda\phi}{4\pi B_{ATI}\sin\theta}\sigma_{V_P} \tag{4.2}$$

$$\sigma_{u(B_{ATI})} = -\frac{\lambda\phi V_P}{4\pi B_{ATI}^2\sin\theta}\sigma_{B_{ATI}} \tag{4.3}$$

目前,利用精确的卫星定位以及基线长度定标等技术手段,可以将卫星飞行速度误差控制在 0.05 m/s 内,基线长度误差控制在 0.5 mm 内[1,2]。为了定量分析卫星飞行速度以及顺轨基线长度对测流误差的影响,本章仿真了顺轨基线长度 30 m、入射角 35°、流场速度范围 0~2 m/s 时,顺轨基线长度以及卫星飞行速度引入的测流误差,如图 4.1 所示。同时也仿真了 1°干涉相位误差引入的测流误差以进行对比,由式(4.1)计算可知,此时干涉相位引入测速误差约为 0.019 m/s。

根据图 4.1 可知,干涉相位误差引入测流误差要高于其他系统参数引入误差两个数量级以上,所以真正决定顺轨干涉 SAR 流场测量误差的是干涉相位误差。干涉相位误差包括干涉通道间相位偏置等系统误差,以及各种去相干因素导致的随机误差[3]。系统误差一般可以通过定标等手段进行去除,而随机误差无法直接去除,只能通过空间多视来尽量减小。本章之后的内容都是针对随机相位误差引入的流场测量误差进行分析,为了便于进行概念上的区分,将该误差称为流场测量精度,式(4.1)可看作是顺轨干涉

SAR 流场测量精度表达式。

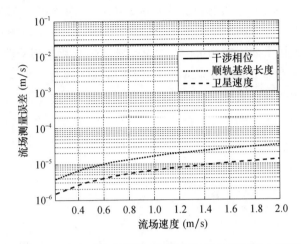

图 4.1　干涉相位、顺轨基线长度以及卫星飞行速度引入测流误差

顺轨干涉 SAR 进行海洋流场探测时，前后天线的波束方向通常是正侧视，如图 4.2 所示。这样的几何构型下，顺轨干涉 SAR 只能测量流场速度沿雷达视线方向的径向分量 $v_r$，再根据入射角大小，计算得到流场沿距离向的一维分量 $u = \dfrac{v_r}{\sin\theta}$。

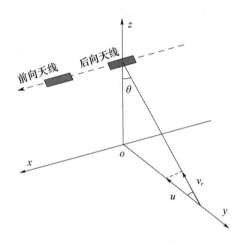

图 4.2　顺轨干涉 SAR 一维流场速度测量示意图

事实上，完备的海洋流场包含流速和流向两个要素，所以顺轨干涉 SAR 直接测得的一维流场同真实流场往往存在较大的偏差。要想获得完备的二维流场信息，一般可采用以下两种方法。一是设计两次相互垂直或者有一定夹角的飞行航线，对两次航过测绘带覆盖区域重叠海域的流场速度进行矢量合成，得到二维流场速度矢量[4]。该方法要求两次航线间隔尽可能短，以防止较长时间间隔后，海面流场已发生显著变化。机载顺轨干涉 SAR 航线设计灵活，比较容易实现双航过二维流场测量，但是对于星载顺轨干涉 SAR 而言，受卫星轨道设计的约束，很难满足该条件。此外，两次航过的重叠区域十分有限，尤其是两次相互垂直的航迹重叠区域最小。

　　另外一种方法是由 Rodroguez 等提出的，构建双干涉对顺轨干涉 SAR 系统，只需单次航过即可实现完整的二维流场测量。双干涉对顺轨干涉 SAR 系统具有 4 个天线，天线波束均为斜视，如图 4.3 所示。其中两个前向波束 $F_1$、$F_2$ 构成前视干涉对，在 $t_1$ 时刻先对海面某区域进行干涉流场测量，为保证干涉相位具有高相干性，要求干涉波束对的斜视角应相同；另外两个后向波束 $A_1$、$A_2$ 构成后视干涉对，在 $t_2$ 时间再次对海面同一区域进行干涉流场测量。这里应注意的是，前视干涉对的斜视角与后视干涉对的斜视角大小并不要求相同。

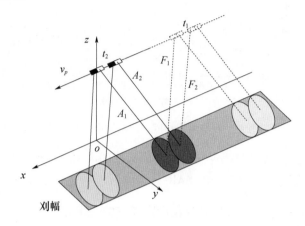

图 4.3　双干涉对顺轨干涉 SAR 示意图

　　前视干涉对和后视干涉对的观测几何示意图分别如图 4.4 所示，其中，$\theta_i$ 为雷达入射角，$\theta_s$ 为投影到地面的斜视角。

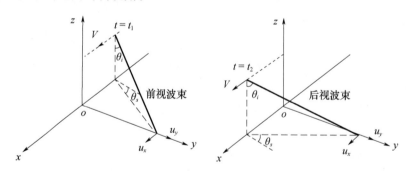

（a）前视干涉对测量几何　　　　　　　（b）后视干涉对测量几何

图 4.4　双干涉对顺轨干涉 SAR 二维流场测量几何示意图

　　海面二维流场矢量 $u = (u_x, u_y)$ 如图 4.4 所示，前视干涉对和后视干涉对测量的二维流场矢量沿视线方向的径向速度大小分别为 $u_r^+$ 和 $u_r^-$，可看作二维流场矢量沿雷达视线径向方向的投影分量，可表示为

$$
\begin{aligned}
u_r^+ &= (u_x, u_y) \cdot (\sin\theta_s, \cos\theta_s) \cdot \sin\theta_i \\
&= u_x \sin\theta_s \sin\theta_i + u_y \sin\theta_s \cos\theta_i
\end{aligned}
\tag{4.4}
$$
$$
u_r^- = (u_x, u_y) \cdot (-\sin\theta_s, \cos\theta_s) \cdot \sin\theta_i
$$

$$= -u_x \sin\theta_s \sin\theta_i + u_y \sin\theta_s \cos\theta_i \tag{4.5}$$

根据式（4.4）和式（4.5），二维流场矢量方位向速度 $u_x$ 和距离向速度 $u_y$ 可分别表示为

$$u_x = \frac{u_r^+ - u_r^-}{2\sin\theta_s \sin\theta_i} \tag{4.6}$$

$$u_y = \frac{u_r^+ - u_r^-}{2\cos\theta_s \sin\theta_l} \tag{4.7}$$

根据双干涉对顺轨干涉 SAR 二维流场测量原理的描述，不难看出，当投影到地面的斜视角 $\theta_s = 45°$ 时，前、后干涉对之间的夹角为 90°，这同两次垂直飞行航过测量二维流场矢量的原理实际上是等价的。但相比于两次垂直飞行航过只能测量重叠海域的二维流场而言，双干涉对顺轨干涉 SAR 能够获得整个测绘带的二维流场信息。并且该方法也可在卫星上实现顺轨干涉 SAR 二维流场，目前欧空局的 WAVEMILL 卫星计划就打算利用双干涉对顺轨干涉原理实现全球海洋流场的二维探测[4]。

然而，双干涉对顺轨干涉 SAR 进行二维流场探测时，存在两个新的问题。首先，该方法实际上是对同一流场进行了两次独立的测量，所以流场测量方差是 $x$、$y$ 两个方向流场测量方差之和：

$$\sigma_{u_x}^2 = \frac{\sigma_{u_r^+}^2 + \sigma_{u_r^-}^2}{(2\sin\theta_s \sin\theta_i)^2} \tag{4.8}$$

$$\sigma_{u_y}^2 = \frac{\sigma_{u_r^+}^2 + \sigma_{u_r^-}^2}{(2\cos\theta_s \sin\theta_i)^2} \tag{4.9}$$

$$\sigma_u = \sqrt{\sigma_{u_x}^2 + \sigma_{u_y}^2} = \frac{\lambda B_{\text{ATI}}}{4\pi\nu_p \sin 2\theta_s \sin\theta_i} \sqrt{\sigma_{\phi+}^2 + \sigma_{\phi-}^2} \quad \sigma_{u_s}^2 = \frac{\sigma_{u_r^+}^2 + \sigma_{u_r^-}^2}{(2\sin\theta_s \sin\theta_i)^2} \tag{4.10}$$

式中：$\sigma_{\phi+}$ 和 $\sigma_{\phi-}$ 为分别为前、后干涉对的干涉相位测量精度。由式（4.10）可知，双干涉对顺轨干涉 SAR 虽然能够实现二维流场测量，但是流场测量精度将同时受到前、后干涉对相位噪声的影响，这就对系统参数提出了更加严格的设计要求。

另外一个问题是，前、后干涉对观测同一海域二维流场的时间间隔（注意与干涉时延的区别）最长可达数分钟，所以两次干涉测量的流场可能已经发生了一定的变化，并导致实际测量结果与真实值存在一定的偏差。

## 4.2 顺轨干涉相位去相干源分析

顺轨干涉 SAR 流场测量精度主要由干涉相位测量精度所决定。受各种去相干因素的影响，由顺轨干涉 SAR 复图像直接共轭得到的干涉相位混杂有一定的相位噪声，本节主要分析引入相位噪声的各种去相干源。

### 4.2.1 顺轨干涉 SAR 相位相关性分析

相关性是雷达干涉测量的基础，事实上，精确的相位估计需要高的相关性。我们可以用相关系数来表示两幅图像的相关性：

$$\rho = \frac{\sum V_{1i} V_{2i}^*}{\sqrt{V_{1i} V_{1i}^*} \sqrt{V_{2i} V_{2i}^*}} \tag{4.11}$$

式中：$V_{1i}$ 与 $V_{2i}$ 分别为两个天线接收到的相同分辨单元的电压信号。$\rho$ 越大，图像相关性也就越高，其反演相位的精度也就越高。然而会存在一些机制会引起信号去相关，这些机制都是随机存在的，我们可以称其为随机误差，或者去相关误差。

当多视数较大时，反演的高程误差与相关系数的关系为（一发双收体制）：

$$\sigma_h = \frac{\lambda R_0 \sin\theta}{2\pi B_\perp} \sqrt{\frac{(1-\rho^2)/\rho^2}{2L}} \tag{4.12}$$

式中：$\lambda$ 为电磁波长，$R_0$ 为斜距，$\theta$ 为入射角，$\rho$ 为相关系数，$L$ 为多视数。$B_\perp$ 为切轨基线长度。相关系数依赖以下几种主要因素，可以表示为

$$\rho = \rho_N \cdot \rho_B \cdot \rho_A \cdot \rho_R \cdot \rho_T \tag{4.13}$$

这几种去相干因素的计算公式如下：

- 热噪声相干 $\rho_N$

$$\rho_N = \frac{1}{1 + SNR^{-1}} \tag{4.14}$$

- 空间基线去相干 $\rho_B$

$$\rho_B = 1 - \frac{2B_\perp \cos\theta r_r}{\lambda R_0} \tag{4.15}$$

- 体散射去相关 $\rho_A$

由海浪体散射引起体积去相关：

$$\rho_A \approx e^{-2\sigma^2 h \left(\frac{kB_\perp}{\xi \sin\theta_0}\right)^2} \tag{4.16}$$

式中：$\sigma_h$ 为海面高度标准差，与海面有效波高相关，$SWH = 4\sigma_h$。$\xi$ 与地球曲率相关：

$$\xi = \frac{2(H + R_E)^2}{(H^2 + 2HR_E + r^2)R_E} r^2 \tag{4.17}$$

式中：$R_E$ 为地球半径，$H$ 为卫星高度。

- 时间去相干 $\rho_T$

这一项是分布式体制特有的去相干因素，由于分布式体制基线方位向与卫星方位向的夹角是时变的，也就是大部分时间都会在方位向上有较长的顺轨基线，这就会导致两个接收通道对同一场景成像的方位向时间上存在一个时间差。而海面是一个无时无刻在运动的场景，散射随时间存在显著的去相干。时间去相干计算如下：

$$\rho_T = \exp\left(-\frac{B^2}{4T_c^2 v^2}\right) \tag{4.18}$$

随机误差主要与 SAR 系统性能相关，在评价载荷性能的情况下一般只考虑随机误差。

- 配准去相干 $\rho_R$

由于方位向和距离向配准导致的去相干：

$$\rho_R = sinc\left(\frac{\delta_r}{\rho_r}\right) sinc\left(\frac{\delta_a}{\rho_a}\right) \tag{4.19}$$

其中：$\delta_r$ 和 $\delta_a$ 分别为距离向和方位向配准误差，$\rho_r$ 和 $\rho_a$ 分别为距离向和方位向分辨率。

### 4.2.2　海面随机运动去相干

顺轨干涉 SAR 以一定的干涉时延对海面同一分辨单元先后进行成像，由于海面随机运动，干涉时延内该分辨单元的空间位置和散射特性均发生了一定的变化，这导致前、后天线接收到的回波信号幅值和相位不同，一般称之为海面随机运动去相干[5]。海面随机运动去相干系数可表示为[6]

$$\gamma_{\Delta t} = e^{-\Delta t^2/\tau^2} \tag{4.20}$$

式中：$\Delta t = \dfrac{B}{V_p}$ 为前、后天线间的干涉时延，$\tau$ 为海面相干时间。根据式（4.20）可知，顺轨基线越长，前、后天线成像时延越大，海面随机运动去相干引入的相位噪声越严重，流场测量精度越低。所以星载顺轨干涉 SAR 必须参考海面相干时间这一海况参数，合理设计顺轨基线长度。

在给定 Pierson - Moskowitz 海浪谱下，假定海面风速与海浪传播方向平行，此时海面相干时间可近似表示为[7]

$$\tau \approx 3\frac{\lambda}{u_{\text{wind}}} erf^{-\frac{1}{2}}\left(2.7\frac{\rho}{u_{\text{wind}}^2}\right) \tag{4.21}$$

$$erf(x) = \frac{2}{\sqrt{\pi}}\int_0^x e^{-t^2}dt \tag{4.22}$$

式中：$u_{\text{wind}}$ 为海面 10 m 高处的风速，$\rho$ 为雷达分辨率，$erf(x)$ 为误差函数。根据式（4.22），给定雷达分辨率为 30 m，分别仿真了 L 波段（1.25 GHz）、C 波段（5.3 GHz）、X 波段（9.8 GHz）和 Ka 波段（35 GHz）下，海面相干时间随风速的变化，如图 4.5 所示。可以看出，海面风速越大，海面相干时间越短，因为风速越大海况越高，海面随机运动越剧烈，前、后天线接收的回波信号相干性越差。同时，风向也会影响海面相干时间，当雷达视线方向垂直于海浪传播方向时，波浪的水平速度在雷达径向投影减小，因此波浪导致的径向速度方差会变小，从而海面相干时间将有所增加[8]。

事实上，海面相干时间计算式（4.22）中，雷达分辨率并不是确定的。这是由于 SAR 海面成像时，方位向的实际分辨率受海面随机运动的影响一般会远低于雷达方位设计分辨率，所以海面有效方位分辨率实际上由海面相干时间所决定。

不同海况下，海面相干时间不同，导致相同的顺轨时延下，海面随机运动引起的去相干不同。图 4.6 为 X 波段下，海面风速分别为 3 m/s、7 m/s、10 m/s 时（参照图 4.5，对应海面相干时间分别为 10 ms、4.5 ms、3.6 ms），海面随机运动去相干随顺轨时延的变化，可以看出，海面风速越高，海面随机运动去相干系数降至 0.5 时所需的顺轨时延越短，即所需的顺轨基线长度越短。

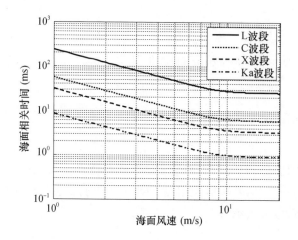

图 4.5 不同波段下，海面相干时间随海面风速的变化

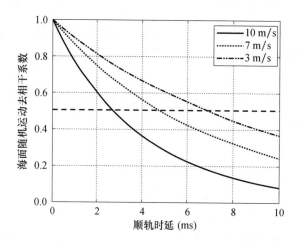

图 4.6 X 波段下，海面随机运动去相干随顺轨时延的变化

### 4.2.3 热噪声去相干

对于任何干涉 SAR 系统而言，系统热噪声都将是影响干涉相位相干性的最主要因素之一，系统热噪声引起的去相干可表示为[9]

$$\gamma_{SNR} = \frac{1}{\sqrt{(1 + SNR_1^{-1})(1 + SNR_2^{-1})}} \tag{4.23}$$

式中：$SNR_1$、$SNR_2$ 分别表示顺轨干涉 SAR 前、后天线各自的接收回波信噪比。一般在系统硬件设计时应尽量满足两天线的接收信噪比一致，此时热噪声去相干可表示为

$$\gamma_{SNR} = \frac{1}{1 + SNR^{-1}} \tag{4.24}$$

除了系统热噪声以外，干涉 SAR 数据处理也将导致等效信噪比下降，例如，脉冲相应函数的旁瓣、量化噪声以及散焦造成的相位误差等。信噪比 $SNR$ 一般可表示为

$$SNR = \frac{\sigma^0}{NESZ} \tag{4.25}$$

在中等入射角下，海面归一化后向散射系数 $\sigma^0$ 相比于陆地一般低 10 dB 以上，且随着入射角的增大，$\sigma^0$ 急剧下降，并导致信噪比急剧下降，热噪声去相干加重。如图 4.7 所示，信噪比为 5 dB 时，热噪声去相干系数下降至 0.76。所以顺轨干涉 SAR 进行参数设计时应着重考虑热噪声去相干这一因素，合理选择入射角范围。

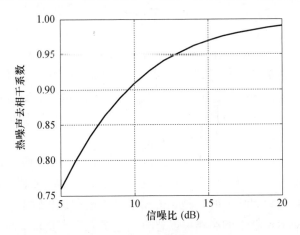

图 4.7　热噪声去相干系数随信噪比的变化

### 4.2.4　配准去相干

两通道复图像间的失配也会导致干涉相位相干性显著下降，配准去相干用式（4.19）表示。星载顺轨干涉 SAR 平台姿态稳定，配准精度一般优于 0.1 个像素，此时的配准去相干系数为 0.968，如图 4.8 所示，所以配准去相干的影响一般较小。

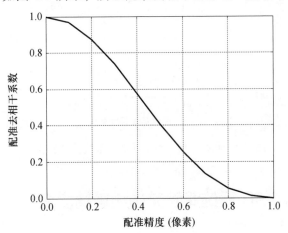

图 4.8　配准去相干系数随配准精度的变化

### 4.2.5　基线去相干

顺轨干涉 SAR 系统由于系统设计或者姿态误差等因素，导致基线在交轨方向存在一定的分量。交轨基线的存在将导致两天线的成像几何存在一定差异，即对同一目标点进行成像时，来自该目标点的回波多普勒谱，由于两天线入射角的微小差异而非完全重叠。并且交轨基线越长，两天线回波多普勒谱非重叠部分越大，当多普勒谱完全不重叠时，认为两天线的接收来自同一目标点的回波信号完全不相干，所以基线去相干可表示为

$$\gamma_B = 1 - \frac{2\cos\theta B_\perp \rho_{rg}}{\lambda R} \tag{4.26}$$

式中：$B_\perp = B_{XTI}\cos(\theta - \alpha)$ 为交轨基线垂直雷达视线方向的分量，$\rho_{rg}$ 为距离向分辨率。根据 3.2 节分析可知，顺轨干涉 SAR 也往往存在交轨基线分量，对于机载或单星顺轨干涉 SAR 而言，交轨基线分量较小，基线去相干对干涉相位的影响可忽略不计；但是对于如 TerraSAR/TanDEM 这样的分布式双星系统而言，其交轨基线分量可在几十米至几千米范围内变化，此时基线去相干将不可忽略。

图 4.9 为依据 TerraSAR/TanDEM 系统参数，仿真的不同波段下，基线去相干系数随交轨基线长度的变化，可以看出，交轨基线分量越大，基线去相干越严重，但是在 X 波段下，交轨基线长度为 200 m 时，基线去相干系数也在 0.9 以上。但这并不意味着 X 波段下，交轨基线对测流精度的影响可以忽略。这是因为，交轨基线分量较大时，海面波高将会引起显著的干涉相位变化，造成对速度测量的干扰。

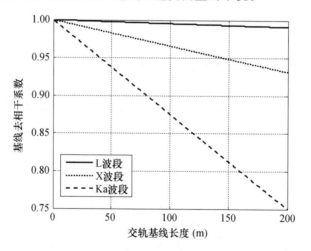

图 4.9　基线去相干系数随交轨基线长度的变化

## 4.3　顺轨干涉 SAR 系统海面流场测量精度分析

顺轨干涉 SAR 海洋流场探测时，受各种去相干因素的影响，将引入显著的相位噪声，导致实际测得的流场干涉相位表现出较大的随机性，并严重降低流场测量精度。当流场速度相位小于相位噪声水平时，流场速度将无法从干涉相位中有效提取。相位噪声一般可视作服从随机高斯分布，而流场相位在空间中变化较为缓慢，所以对顺轨干涉相位可采用空间多视处理，即对复图像中某像素点邻近区域的若干像素相位求取平均，以抑制相位噪声对流场速度相位的影响：

$$\phi = \angle \sum_{i \in S} I_1(i) I_2^*(i) \tag{4.27}$$

其中：$I_1$ 和 $I_2$ 分别为两个通道的图像信号，$S$ 为邻域空间。

空间多视处理后，干涉相位的标准差可表示为

$$\sigma_\phi = \sqrt{\frac{1 - \gamma^2}{2\gamma^2 N}} \tag{4.28}$$

$$\gamma = \gamma_{SNR} \gamma_{\Delta t} \gamma_{factor} \tag{4.29}$$

式中：$\gamma$ 为各种去相干源影响下的总相干系数，由 4.2 节分析可知，顺轨干涉相位主要受热噪声去相干和海面随机运动去相干的影响，所以将其他去相干因素合并表示为 $\gamma_{factor}$；$N$ 为空间多视数，一般可表示为

$$N = \frac{\rho_{grid}}{\rho_{azi}} \cdot \frac{\rho_{grid}}{\rho_{rg}} \tag{4.30}$$

式中：$\rho_{azi}$ 和 $\rho_{rg}$ 分别为复图像方位向和距离向的设计分辨率；$\rho_{grid}$ 为多视后的空间分辨率。顺轨干涉 SAR 复图像设计分辨率一般为米量级，在此分辨率下，干涉相位一般受随机噪声的影响较为严重，进行空间多视可有效降低随机噪声，所以如果放宽对流场空间分辨率的要求，就可以提高流速测量精度。

综合上述分析可知，顺轨干涉 SAR 流场测量精度将主要由雷达系统硬件参数以及实际海况条件所共同决定。本节将结合海面微波成像的一些实际特点，如海面随机运动导致的去相干、海面低后向散射系数、实际流场的速度范围等，从提高流场测量精度入手，系统论述星载顺轨干涉 SAR 各系统参数的设计准则。

### 4.3.1　雷达波段的影响

雷达波段的选取需要在多方面进行折衷：

（1）基线长短的选择

星载平台速度快，即便很短的基线延迟时间，对应的基线尺寸也很长，星载 SAR 常用的 L 波段、C 波段、X 等波段优化的基线长度在几十米到数百米之间，这个基线长度单星实现非常困难，双星实现又没有达到双星飞行的安全距离，这也是机载顺轨干涉 SAR 早在 20 世纪 80 年代末就已经得到验证，但星载顺轨干涉 SAR 却一直没有上天的重要原因。根据测流精度式（4.1），采用短波长可以提高干涉相位对流场速度的测量灵敏度，这样即使基线延迟时间很短也能获得足够的干涉相位差，可以进一步缩短基线长度，减小单星实现的难度，例如，欧洲论证的双波束海面宽幅矢量流场测量卫星——WaveMill 就是采用 Ku 波段[14]。

（2）雨衰效应

海洋上空通常云雨频发，因此雨衰和云雨干扰是海洋测绘卫星需要特别考虑的因素。雷达波段越高，雨衰效应导致的微波信号衰减越严重，云雨对雷达回波的干扰也越严重，Ku 波段以上雨衰效应尤为显著。

（3）电子器件的成熟性

目前，L 波段、C 波段、X 等波段已经有在轨卫星运行，相关的电子器件等技术相对成熟，Ku 波段和 Ka 波段的 SAR 卫星还比较少，其天线、发射机等关键电子器件在

卫星上应用的成熟度不高。而航天技术通常对技术成熟度要求非常苛刻,这也是限制 Ku 波段和 Ka 波段等高波段 SAR 卫星发展的重要原因。

### 4.3.2 极化方式的影响

极化方式主要影响信号的信噪比,进而影响干涉相位的估计精度。中等入射角(20°~60°)下,海面 VV 极化比 HH 极化强 3~5 dB 左右,比交叉极化强 10~20 dB。结合 4.2.3 有关热噪声去相干的描述,海面后向散射系数越高则回波信噪比越高,随机相位噪声越小,此时仅需少量的空间多视即能达到较高的流场测量精度。所以在同等条件下,应当优先考虑 VV 极化用于海面流场测量。

### 4.3.3 入射角的影响

目前现有的星载 SAR 系统,入射角一般在 20°~60° 范围内,在此中等入射角下,海面回波主要来自于 Bragg 共振散射,所以海面后向散射系数较低且随入射角增大而急剧下降。如图 4.10 所示,不同波段下海面后向散射系数均随入射角增大而急剧下降,随着波段增加,海面后向散射系数也略有下降。海面后向散射系数决定海面回波信噪比,一般情况下,要求海面回波信噪比应大于 5 dB,否则热噪声去相干效应引入的相位噪声将严重影响流场测量精度。所以,从提高海面回波信噪比的角度考虑,入射角应越小越好。

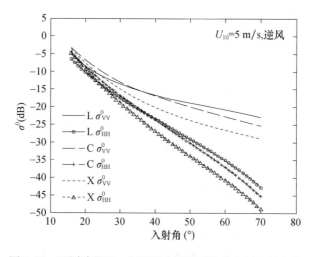

图 4.10  不同波段下,海面后向散射系数随入射角的变化

但是,顺轨干涉 SAR 直接测量的是流场速度沿雷达视线方向的分量,根据测流精度式(4.1)可知,入射角越小,雷达视线方向速度分量越小,测流精度越低;同时,小入射角下,大尺度海浪轨道垂直速度沿雷达视线方向的分量增加,导致实际流场测量结果会存在较大偏差。综合上述分析,入射角设计时应兼顾海面后向散射系数、大尺度海浪轨道速度等各方面因素,本章 4.4 节将基于海面微波成像仿真模型论证入射角的优化设计。

### 4.3.4　基线长度的影响

顺轨时延是影响顺轨干涉 SAR 流场探测性能最为重要的系统参数，由卫星速度和基线长度共同决定。由于低轨卫星飞行速度基本上是 7500 m/s 左右，所以决定顺轨时延的主要因素是顺轨基线长度。结合式（4.1）、式（4.11）、式（4.15）和式（4.19），流场测量精度可表示为

$$\sigma_u = \frac{\lambda V_P}{4\pi B_{\mathrm{ATI}}\sin\theta} \cdot \sqrt{\frac{(1+SNR^{-1})^2 - e^{-\frac{B^2_{\mathrm{ATI}}}{V^2_{pr^2}}}}{2Ne^{-\frac{B^2_{\mathrm{ATI}}}{V^2_{pr^2}}}}} \tag{4.31}$$

式中：$SNR$ 为信噪比，$\tau$ 为海面相干时间。据此仿真了 X 波段、信噪比为 10 dB、风速分别为 3 m/s、7 m/s、10 m/s 时，流场测量精度随顺轨基线长度的变化，如图 4.11 所示。可以看到，顺轨基线过短时，流场测量精度极低，这是由于短基线下顺轨干涉 SAR 测得的流场速度相位很小，受相位噪声影响严重，必须进行大量的空间多视才能提高测流精度；随着基线长度的增加，顺轨干涉 SAR 测得的流场速度相位增大，相位噪声的影响相对降低，所以测流精度提高；但是，顺轨基线过长时，海面随机运动去相干效应加重，相位噪声增加，流场测量精度又会降低。从图 4.11 中还可以看出，顺轨干涉最优基线长度随着风速增加而降低，这是由于风速增加海面相干时间减小所导致，关于顺轨基线优化设计的问题将在 4.4 节进行更深入的论证。

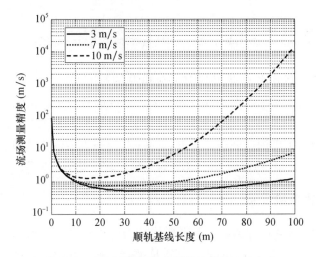

图 4.11　流场测量精度随顺轨基线长度的变化

顺轨基线长度的设计还应当考虑流场速度相位缠绕问题，基线越长，最大不缠绕流速范围越小，当海面流场速度过大时，会使速度相位产生缠绕。所以，顺轨基线长度的设计应当参考海面实际流场速度范围，墨西哥湾流一般被认为是地球上流速最大的海洋流场，根据资料显示，其流速最大可达 2 m/s 以上[12]。但是，顺轨干涉 SAR 测量的是流速沿雷达视线方向的分量，所以将实际流场速度上限设定为 2 m/s 完全合理。据此参照 TerraSAR/TanDEM 的系统参数仿真了流速测量范围与流速测量灵敏度随顺轨基线长度的变化，如图 4.12 所示。

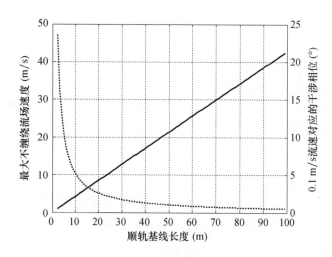

图 4.12    不同基线长度对应的流场测量范围与流场测量灵敏度

可以看出，顺轨基线越长，最大不缠绕流场速度越小，在基线长度为 50 m 时，最大不缠绕流场速度约为 2 m/s。同时，随着基线长度的增加，0.1 m/s 流场速度所引起的干涉相位变化越大，这代表长顺轨基线下流场测量灵敏度越高，抑制相位噪声的能力也将越强。所以顺轨干涉 SAR 基线长度的设计，在保证复图像相干性以及不发生流场相位缠绕的前提下，基线长度越长，流场测量性能越高。

## 4.4  基于全链路仿真的干涉 SAR 系统参数优化

上节论述顺轨干涉 SAR 系统参数对测流精度的影响时，均针对某一雷达系统参数进行孤立的讨论，由于实际海况条件较为复杂，单纯的数值仿真很难真实反映流场测量精度，事实上，顺轨干涉 SAR 系统参数的优化设计应结合海面微波遥感的实际特点进行分析。本节我们利用美国迈阿密大学 Romeiser 教授开发的海面微波成像仿真模型——M4S 来论证顺轨干涉 SAR 海洋流场探测时的系统参数优化设计问题。

### 4.4.1  仿真参数设置

根据 4.2.2 和 4.2.3 的分析，海面随机运动去相干和热噪声去相干是影响顺轨干涉 SAR 流场测量精度的主要因素，而顺轨基线长度和入射角在很大程度上决定了这两种去相干因素作用的大小，所以本节将主要围绕顺轨基线长度和入射角这两个参数进行系统参数的优化设计仿真论证。

仿真过程中，为了比较不同系统参数对流场测量精度的影响，设定输入流场作为流场真值，并同输出干涉相位反演得到的"测量"流场进行比较，论证系统参数对流场测量精度的影响。

（1）仿真流场设置

仿真中 $x$ 轴方向流场是 AirSAR 于美国基拉戈（Key Largo）附近海域获取的实测数据，流场空间分辨率为 50 m，方位向和距离向的采样点数为 $200 \times 200$。为了同时论证二维流场的探测性能，也设置了 $y$ 轴方向为 0.5 m/s 的恒定流场。$x$ 轴方向流场分量，以及合成的二维流场矢量如图 4.13 所示。

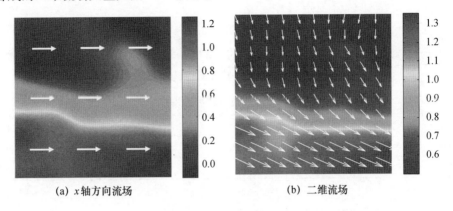

(a) $x$ 轴方向流场    (b) 二维流场

图 4.13  仿真输入流场

（2）仿真风场设置

根据本章 4.1 节的分析，海面风速大小会影响海面相干时间、海面后向散射系数等参数，参照 QuikSCAT 散射计统计全年观测数据得到的全球海面风速的概率分布，如图 4.14 所示，将仿真的风速值设为 7 m/s。

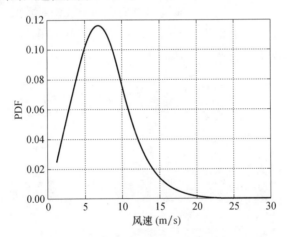

图 4.14  QuikSCAT 统计的全球海面风速概率密度分布

海面风向会影响净 Bragg 波相速度大小，仿真时将海面风向 0°定义为与流场 $x$ 轴正方向平行时的方向，仿真时风场方向设为 45°，如图 4.15 所示。

（3）仿真系统参数设置

仿真的雷达以及平台参数设置参照 TerraSAR/TanDEM 双星系统，如表 4.1 所示。假设两颗分布式卫星的天线均分割为两个子孔径，通过相控阵天线电扫描改变方位向波束指向，从而实现可变顺轨基线长度的双干涉对二维流场探测。关于顺轨基线

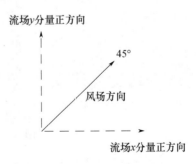

图 4.15  仿真风场风向设置示意图

长度的设定方面，当流速相位为 $\pi$（或 $-\pi$）时，刚好未发生相位缠绕，所以顺轨干涉 SAR 不发生相位缠绕的临界基线可表示为

$$B_{\text{wrap}} = \frac{\lambda V_p}{4\nu_r \sin\theta} \qquad (4.32)$$

输入流场速度最大为 1.3 m/s，为了防止顺轨基线过长导致流场相位出现缠绕，根据式（4.32），仿真中设定两天线间有效顺轨基线长度为 1~48 m。

表 4.1　仿真系统参数设置

| 飞行高度<br>（km） | 平台速度<br>（m/s） | 雷达频段<br>（GHz） | 极化方式 | 入射角<br>（°） | 顺轨基线长度<br>（m） | NESZ<br>（dB） |
|---|---|---|---|---|---|---|
| 514 | 7460 | 9.6 | VV | 20~60 | 1~48 | −25 |

### 4.4.2　顺轨基线的优化设计论证

图 4.16 为风速 7 m/s、风向 45°、入射角 45°情况下，仿真输出的流场干涉相位随顺轨基线长度的变化。如图 4.16（a）所示，基线长度为 1 m 时，流场相位最大仅 0.045 rad，此时相位噪声的影响十分显著。随着基线长度的增加，流场相位不断增大，在干涉相位图上逐渐凸显，如图 4.16（b）~（d）所示，这是由于干涉时延增加，干涉相位中流场速度相位比例不断增大，随机相位噪声的干扰相对降低。然而基线长度继续增加，虽然流场相位增大，但是流场去相干效应不断加重，相位噪声对流场相位的影响加重，又导致测流精度下降，如图 4.16（e）~（f）所示。

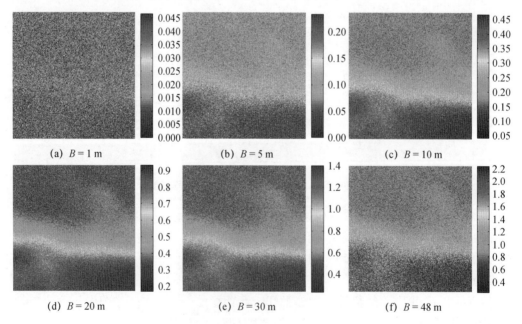

图 4.16　不同顺轨基线获得的干涉相位

为了定量分析不同基线长度对测流精度的影响，对仿真得到的干涉相位均进行 5 次 $4 \times 4$ 的均值滤波，这样滤波后的流场分辨率下降为 200 m × 200 m。对滤波后的相位反

演得到干涉 SAR "测量" 的流场，并以输入流场作为真值进行对比。图 4.17（a）（b）分别为基线长度 1 m 和 20 m 时，反演得到的流场速度，可以看到受相位噪声的影响，基线长度 1 m 时测量的流场与输入流场［如图 4.17（a）所示］相比严重失真。

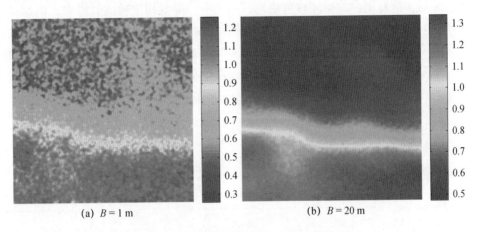

(a) $B = 1$ m　　　　　　　　(b) $B = 20$ m

图 4.17　均值滤波后反演得到的流场速度

为了定量分析不同基线长度下的流场反演结果，利用两种统计方法来进行分析。首先，使用线性回归方程来描述反演流场与输入流场的相似度，可表示为

$$u_{\text{output}} = a \cdot u_{\text{input}} + b \tag{4.33}$$

式中：$u_{\text{input}}$ 为输入流场；$u_{\text{output}}$ 为反演流场；$a$ 为反映 $u_{\text{input}}$，$u_{\text{output}}$ 相似度的回归系数；$b$ 为偏差项，反映了反演流场整体偏离输入流场的程度。但是线性回归方程不能定量描述反演流场偏离真实流场的离散程度，所以利用均方根误差（RMSE）来进行分析。图 4.18（a）（b）分别为基线长度 1 m 和 20 m 时，反演流场和输出流场的统计结果对比。可以看到基线 20 m 时，反演流场更接近输入流场，且由于受相位噪声影响较小，相同空间分辨率下，均方根误差明显小于基线 1 m 时的统计结果。

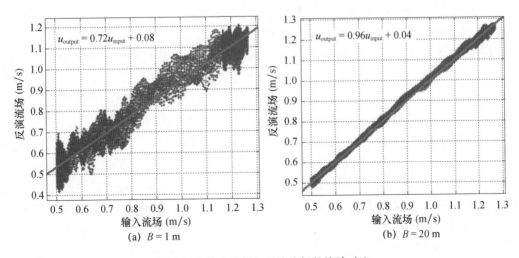

(a) $B = 1$ m　　　　　　　　(b) $B = 20$ m

图 4.18　输入流场与反演流场的统计对比

表 4.2 为不同基线长度下，空间分辨率均为 200 m × 200 m 时，统计得到的回归系数、偏差、流速以及流向 RMSE。总结可以看出，基线在 20 ~ 30 m 之间时，流场测量精度可以达到最优。基线小于 10 m 时，在 200 m 空间分辨率下，不能达到 0.1 m/s 的测流精度，需要进行更多的空间多视平均，以进一步降低相位噪声的影响，但这势必会降低流场空间分辨率，同时对于一些空间范围上变化较大的流场，过多的空间多视将导致流场测量偏差增大。流向的 RMSE 与流速 RMSE 保持一致，也在 20 ~ 30 m 之间达到最优，这主要是由于流向也主要是受相位噪声的影响所致。

表 4.2　不同顺轨基线统计结果对比

| 基线长度（m） | 回归系数 | 偏差（m/s） | 流速 RMSE（m/s） | 流向 RMSE（°） |
| --- | --- | --- | --- | --- |
| 1 | 0.72 | 0.08 | 0.81 | 15 |
| 5 | 0.78 | 0.07 | 0.48 | 9 |
| 10 | 0.85 | 0.05 | 0.21 | 7 |
| 20 | 0.96 | 0.04 | 0.07 | 4 |
| 30 | 0.93 | 0.04 | 0.11 | 4 |
| 48 | 0.81 | 0.07 | 0.27 | 8 |

### 4.4.3　雷达入射角的优化设计论证

图 4.19 为风速 7 m/s，风向 45°、基线长度为 25 m 情况下，仿真输出的流场干涉相位随不同入射角的变化。可以看出，随着入射角的增大，干涉相位受噪声影响愈加严重，这是海面后向散射系数随入射角的增大而不断减小所导致。但是，入射角越小，干涉相位整体值越来越小，这是由于顺轨干涉 SAR 直接测量的是沿雷达视线方向的径向速度，所以流场速度对干涉相位的贡献越来越小。

图 4.20（a）~ （b）分别为入射角 25° 和 55° 下，反演流场与输入流场的统计结果对比，可以看到，虽然入射角越小，海面后向散射系数越高，反演流场的回归系数越高，然而小入射角下，海面大尺度波轨道速度的垂直分量对干涉相位的贡献增大，导致干涉相位整体出现较大偏差，反演的流场结果也出现较大偏差。

表 4.3 为不同入射角下，空间分辨率均为 200 m × 200 m 时，统计得到的回归系数、偏差、流速以及流向 RMSE。总结可以看出，入射角在 35° ~ 45° 之间时，流场测量精度达到可以最优。入射角大于 45° 时，海面后向散射系数下降导致流场测量精度降低；入射角小于 35° 时，大尺度波轨道速度引入测量偏差也将严重影响流场测量精度。流向的 RMSE 在入射角最小时达到最优，这是由于大尺度波轨道速度在 x 轴和 y 轴方向引入的相位偏差大致相同，所以对流向没有明显的影响，但是入射角越小，相位噪声越小，流向 RMSE 越小，测量结果越精确。

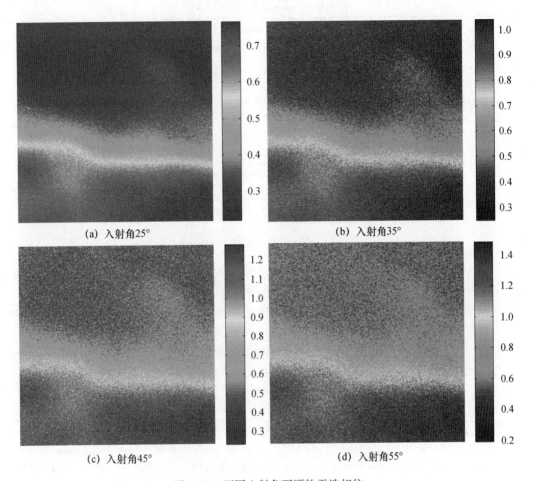

(a) 入射角25°　　　　　　　　　(b) 入射角35°

(c) 入射角45°　　　　　　　　　(d) 入射角55°

图 4.19　不同入射角下顺轨干涉相位

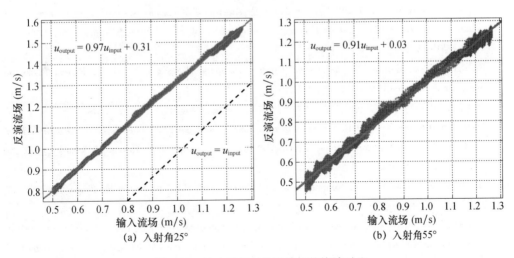

(a) 入射角25°　　　　　　　　　(b) 入射角55°

图 4.20　输入流场与输出流场的统计对比

表 4.3　不同入射角统计结果对比

| 入射角（°） | 回归系数 | 偏差（m/s） | 流速 RMSE（m/s） | 流向 RMSE（°） |
|---|---|---|---|---|
| 25 | 0.97 | 0.31 | 0.35 | 3 |
| 35 | 0.96 | 0.17 | 0.26 | 3 |
| 45 | 0.96 | 0.05 | 0.09 | 4 |
| 55 | 0.91 | 0.03 | 0.15 | 7 |

# 参考文献

［1］ 吴亮，雷斌，韩冰. 卫星姿态误差对多通道 SAR 成像质量的影响. 测绘通报，2015，3（1）：124 – 130.

［2］ 孔维亚. 干涉 SAR 海洋流场探测若干方法研究. 北京：中国科学院大学，2018.

［3］ Hirsch O. *Calibration of An Airborne Along – Track Interferometric SAR System for Accurate Measurement of Velocities*. International Geoscience and Remote Sensing Symposium, 2001（1）：558 – 560.

［4］ Goldstein R M, Zebker H A and Barnett T P. *Remote Sensing of Ocean Currents*. Science, 1989, 246（4935）：1282 – 1285.

［5］ Martin A, Gommenginger C, Chapron B, et al. *Dual beam along – track interferometic SAR to MAP total ocean surface current vectors with the airborne wavemill proof – of – concept instrument：Impact of wind – waves*. IEEE International Geoscience and Remote Sensing Symposium（IGARSS）, 2015：4069 – 4072.

［6］ Carande R E. Estimating Ocean Coherence Time Using Dual – Baseline Interferometric Synthetic Aperture Radar. Geoscience and Remote Sensing, IEEE Transactions on, 1994, 32（4）：846 – 854.

［7］ Shemer L, Marom M and Markman D. *Estimates of currents in the nearshore ocean region using interferometric Synthetic Aperture Radar*. Journal of Geophysical Research Oceans, 1993, 98（C4）：7001 – 7010.

［8］ Frasier S J and Camps A J. *Dual – Beam Interferometry for Ocean Surface Current Vector Mapping*. IEEE Transactions on Geoscience and Remote Sensing, 2001, 39（2）：401 – 414.

［9］ Plant W J, Terray E A and Petitt R A, et al. *The Dependence of Microwave Backscatter from the Sea on Illuminated Area：Correlation Times and Lengths*. Journal of Geophysical Research Atmospheres, 1994, 99（C5）：9705 – 9723.

［10］ Rodriguez E and Martin J M. *Theory and Design of Interferometric Synthetic Aperture Radars*. Radar and Signal Processing Iee Proceedings F, 1992, 39（2）：147 – 159.

［11］ 靳国旺，徐青，张红敏. 合成孔径雷达干涉测量. 北京：国防工业出版社，2014.

［12］ Thompson D R and Jensen J R. *Synthetic Aperture Radar Interferometry Applied to Ship – Generated Internal Waves In the 1989 Loch Linnhe Experiment*. Journal of Geophysical Research Oceans, 1993, 98（C6）：10259 – 10269.

［13］ Minobe S, Kuwanoyoshida A, Komori N, et al. *Influence of the Gulf Stream on the Troposphere*. Nature, 2008, 452（7184）：206 – 209.

［14］ Gommenginger, Way, E. , Southampton, So, Z. H. , Chapron, & Bertrand, et al.（2014）. Wavemill：a new mission for high – resolution mapping of total ocean surface current vectors. Eusar, European Conference on Synthetic Aperture Radar. VDE.

# 第 5 章　干涉 SAR 海洋流场反演方法

顺轨干涉 SAR 的相位与海洋表面径向多普勒速度成正比，通过顺轨干涉相位图像可以获得大面积、高分辨率的海表流场变化信息。然而，由于海洋环境的复杂性以及 SAR 对海面成像的特殊机制，利用顺轨干涉相位直接得到的多普勒速度实际是各种波、流速度（如洋流或潮汐流、Bragg 波相速度、大尺度波的轨道速度等）在雷达视向方向的分量之和。由于各种波、流分量与海洋环境以及雷达参数等的依赖关系不同，使得从多普勒速度中直接分离出海表流场（洋流、潮汐流等）比较困难。1989 年，美国 JPL 在 Loch Linnhe 试验中利用顺轨干涉 SAR 测量的船只引起的内波流速远大于实际流速的原因主要就是受到 Bragg 波相速度分量的影响。所以，顺轨干涉 SAR 海洋流场反演的研究主要就是洋流速度和各种其他速度成分分离方法的研究。本章首先对干涉 SAR 配准方法以及相位提取方法进行介绍；其次，基于海面微波成像仿真模型，给出了顺轨干涉 SAR 海洋表面流场速度迭代反演算法的具体实现；最后，分析了风速和风向估计误差对顺轨干涉 SAR 表面流场速度迭代反演精度的影响[1]。

## 5.1　干涉 SAR 配准方法

图像配准就是将测量得到的多幅图像中的一幅作为主图像，通过对其他的辅图像进行逆向几何变换，使同一目标点在不同图像上的空间位置上得到最佳匹配的过程。相对于一般的光学图像配准，SAR 图像配准的难度更高，这主要是因为 SAR 成像是基于相干性原理进行的，图像上存在的相干斑噪声没有光学图像那么清晰，而且地物特征的提取较为困难；平台运动不稳定性以及姿态误差等因素都可能造成两幅图像之间存在偏移、尺度和局部几何形变。因此，在配准的过程中，两幅单视复图像配准的处理方法不能根据雷达和平台参数得到，而只能根据成像之后进行自适应估计得到。配准后的同一目标对应两幅图像上的像素点必须位于同一成像分辨单元中，一般来说，配准误差必须控制在 0.1 像素量级，否则它们会因为来自特性相互统计独立的不同分辨单元而失去其相干性，要达到这样的标准就要求基于图像数据的配准算法具有较高精度，而且在大噪声情况下仍具有较好的稳健性。

在本节中，我们将对互相关函数算法[2]和最大谱估计算法[4]这几种经典图像配准法进行介绍。

### 5.1.1　互相关函数算法

互相关函数算法是一种基本的配准方法，它是多种配准算法的基础。互相关函数算法具有原理简单、使用灵活且稳健性好的特点，特别适合在图像之间有小的刚性位移和仿射形变的情况下使用。

假设需要配准的两幅 SLC 图像分别为

$R'_{I_1 I_2}(u',v')$

$$= \frac{\sum\limits_{(i,j)\in W}\{I_1(i,j)-E[I_1(i,j)]\}\cdot\{I_2(u'+i,v'+j)-E[I_2(u'+i,v'+j)]\}^*}{\sqrt{\sum\limits_{(i,j)\in W}\{I_1(i,j)-E[I_1(i,j)]\}^2}\sqrt{\sum\limits_{(i,j)\in W}\{I_2(u'+i,v'+j)-E[I_2(u'+i,v'+j)]\}^2}}$$

(5.1)

式中：$u'$ 和 $v'$ 分别表示两幅图像的行偏移量和列偏移量，$W$ 为图像区域。

在两幅 SLC 图像精确配准的情况下，其空域的互相关函数在对应位置将会取得最大值，因此仅需在两幅 SLC 图像所有可能的偏移位置上计算互相关函数值，并找到最大值所对应的位置，就可以确定两幅图像之间的实际偏移量，可以表示为

$$R_{I_1 I_2}(u,v) = \max_{u',v'} R'_{I_1 I_2}(u',v')$$

(5.2)

最大互相关函数值 $R_{I_1 I_2}$ 所对应的 $u$、$v$，即为两幅图像之间的偏移量。根据互相关定理，两幅图像互相关函数的傅里叶变换等于一幅图像的傅里叶变换与另一幅图像傅里叶变换的共轭相乘。在频域里，计算 $I_1(i,j)$ 和 $I_2(i,j)=I_1(i-u,j-v)$ 的互功率谱，并将幅度归一化得到

$$CP = \frac{FFT(I_1)FFT^*(I_2)}{|FFT(I_1)FFT^*(I_2)|} = \exp[j2\pi(f_i u + f_j v)]$$

(5.3)

$f_i$ 和 $f_j$ 分别表示行频率和列频率；$FFT(\cdot)$ 表示快速傅里叶变换。对上式进行傅里叶变换可以得到

$$IFFT(CP) = \delta(i+u, j+v)$$

(5.4)

其中 $IFFT(\cdot)$ 表示快速傅里叶逆变换。通过搜索峰值的位置，就能够确定两幅图像之间的偏移量 $u$、$v$。为了达到亚像素配准精度，通常需要对式（5.4）进行 10 倍甚至百倍插值；另一种方式就是直接在频域估计式（5.3）相位项的线性相位系数。

### 5.1.2 最大谱估计算法

最大谱估计算法的原理是：当图像的精确配准时，干涉条纹最清晰，去相干噪声最小，清晰的干涉条纹通常在频域是集中的，噪声通常是散布在频谱中的。因此可以将频谱的峰值信噪比作为目标函数，通过寻找使峰值信噪比最大时的位移矢量来进行图像的配准。最大谱估计算法中的控制点位移矢量的求取是该算法的关键，其具体步骤如下：

1）在主图像和辅图像上以控制点位置为中心，分别取出匹配窗 $I_1$ 和搜索窗 $I_2$，如图 5.1 所示。

对主图像和辅图像进行干涉处理，可以得到干涉相位图：

$$R(i,j;u,v) = I_1^*(i,j)\cdot I_2(i-u,j-v)$$

(5.5)

式中：$u$ 和 $v$ 分别代表两幅图像 $I_1$ 和 $I_2$ 之间的行偏移量和列偏移量。

2）对干涉图进行 $FFT$ 变换得到二维频谱后，再求峰值信噪比，设干涉相位图

$I_1 \cdot I_2^*$ 的二维频谱为 $\tilde{R}(k,l;u,\nu)$，可以得到

$$\tilde{R}(k,l;u,\nu) = \frac{1}{MN} \sum_{i=1}^{M} \sum_{j=1}^{N} R(i,j;u,\nu) \cdot \exp\left[ -j2\pi\left( \frac{ki}{M} + \frac{lj}{N} \right) \right] \tag{5.6}$$

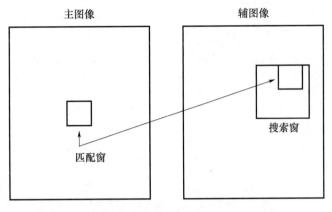

图 5.1　匹配窗和搜索窗在主辅图中的对应关系

而峰值信噪比可以定义为

$$SNR(u,\nu) = \frac{\max\limits_{\substack{0 \leqslant k \leqslant M \\ 0 \leqslant l \leqslant N}} \left\{ |\tilde{R}(k,l;u,\nu)| \right\}}{\sum\limits_{k=0}^{M-1} \sum\limits_{l=0}^{N-1} |\tilde{R}(k,l;u,\nu)| - \max\limits_{\substack{0 \leqslant k \leqslant M \\ 0 \leqslant l \leqslant N}} \left\{ |\tilde{R}(k,l;u,\nu)| \right\}} \tag{5.7}$$

3）将匹配窗在搜索窗的范围内上、下、左、右进行移动，并重新进行干涉和 *FFT* 变换，再求信噪比后会得到一个信噪比矩阵。

4）在信噪比矩阵中找出最大值，记录下偏移量 $u$ 和 $\nu$，并根据偏移量完成对辅图像的重新采样，最后完成图像 $I_1$ 和 $I_2$ 的配准。

## 5.2　SAR 相位提取方法

顺轨干涉 SAR 前、后两天线接收到的海面回波数据，各自独立的进行 SAR 成像处理，最终得到两幅 SAR 复图像。SAR 复图像中每一个像素对应一个复数，包含该像素的幅值和相位两部分信息，干涉 SAR 数据处理均是针对复数据进行。流场相位提取流程如图 5.2 所示。

下面对几个主要步骤进行简单介绍。

（1）复图像配准

存在顺轨基线时，顺轨干涉 SAR 前、后复图像中的像素不是完全对应，即同一目标在两复图像中的位置存在若干个方位向像素偏移。机载顺轨干涉 SAR 受飞机姿态稳定性的影响，交轨向也会存在基线分量，所以前、后天线复图像在距离向也需要进行配准。对复图像进行精确配准是获取有效顺轨干涉相位的必要前提，通常要求配准精度需达到亚像素级，否则干涉相位将出现失配，严重影响海洋流场的反演精度。

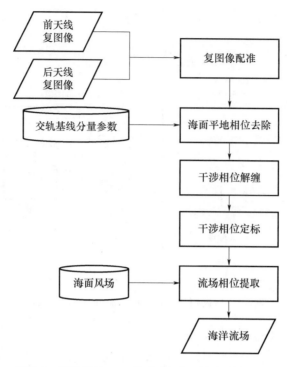

图 5.2　顺轨干涉 SAR 海洋流场探测数据处理流程

（2）海面"平地相位"去除

干涉基线在交轨方向的分量会额外引入两个相位项，即海面"平地相位"和海面波高相位。低海况下海面整体十分平坦，交轨基线分量会在距离向引入规则变化的干涉相位条纹，这与交轨干涉 SAR 陆地测高时常见的平地相位类似。如果获知准确的交轨基线长度与倾角，可利用理论公式计算平地相位并从干涉相位中予以去除。此外，交轨基线分量存在时，由于海面波高的变化还会额外产生高程相位，由于无法区分高程相位与速度相位，高程相位将转化为等效测速误差。

（3）干涉相位解缠

相位缠绕现象在交轨干涉 SAR 陆地高程测量中十分常见，因为陆地的地形起伏变化较大，当高程相位大于 π 或小于 −π 时，干涉相位将发生阶跃性跳变，即相位值由 π 直接变化到 −π，或者由 −π 直接变化到 π，跳变前后的干涉相位相差一个或 $n$ 个整数周期。但是对于顺轨干涉 SAR 流场测量而言，一般不会出现相位缠绕，这是由于在去除了"平地相位"之后，此时剩余的干涉相位只是由海面运动引起的速度相位。速度相位的大小取决于两个因素：一是海面流场速度，另外就是顺轨时延。海面流速一般在 2 m/s 以内，流速较大的潮汐流场一般也不会超过 4 m/s。此外，受飞机或卫星平台尺寸的限制，顺轨基线长度一般较短，相应的顺轨时延也较小，所以流场速度相位一般不会出现缠绕。但是对于分布式双星系统而言，可能会因为较大的顺轨基线而出现相位缠绕。图 5.3 为 TerraSAR/TanDEM 在顺轨基线长度为 40 m 时获取的海面流场[11]。左图中流场速度由正值直接跳变为负值，右图为相位解缠后反演得到的真实流场速度，可以看到，该区域的流速较大，导致干涉相位出现缠绕。目前，针对相位解缠的方法很多，常见的包括最小范数类方法以及路径跟踪类方法，都可应用于流场干涉相位解缠。但是海面运动速度具有随机性，这会给相位解缠造成较大的困难，所以顺轨干涉 SAR 应合理设计系统参数以尽量避免相位缠绕。

(a) 解缠前　　　　　　　　　　　　　(b) 解缠后

图 5.3　干涉相位解缠前后反演得到的流场速度

（4）干涉相位定标

顺轨干涉 SAR 获取的复图像间往往存在一个相位常量，该相位常量是由于硬件原因造成的，通常称为干涉相位偏置。当顺轨干涉 SAR 复图像中包含陆地或其他静止参考目标时，干涉相位的定标工作相对容易。选定某静止参考点，其顺轨干涉相位应为零，偏离零值的常量即为干涉相位偏置，对整个干涉相位图像补偿掉该干涉相位偏置，即达到干涉相位定标的目的。但是当数据中无陆地或其他静止参考点时，干涉相位的定标将十分困难。

（5）海流相位提取

去除海面"平地相位"并经过干涉相位定标之后，可以对海流相位进行提取。由顺轨干涉相位计算得到的径向速度是海面分辨单元内所有散射点的雷达径向速度矢量和，即包括海洋流场速度、Bragg 波相速度以及大尺度波轨道速度。

## 5.3　顺轨干涉 SAR 海洋表面流场迭代反演算法

顺轨干涉 SAR 的相位与海洋表面径向多普勒速度成正比，通过顺轨干涉相位图像可以获得大面积、高分辨率的海表流场变化信息。2.4.2 中已经介绍了，由于海洋环境的复杂性以及 SAR 对海面成像的特殊机制，利用顺轨干涉相位直接得到的多普勒速度实际是各种波、流速度（如洋流或潮汐流、Bragg 波相速度、大尺度波的轨道速度等）的矢量和。由于各种波、流分量与海洋环境以及雷达参数等的依赖关系不同，使得从多普勒速度中直接分离出海表流场（洋流、潮汐流等）比较困难。

由于波浪运动和散射调制等效应耦合在一起，要通过精确计算各种波浪运动速度，然后从回波相位中剔除 Bragg 相速度、大尺度波轨道速度等干扰因素，再提取表面流场速度是比较困难的。下面我们基于 Romeiser 等开发的海面微波成像仿真模型（M4S）给出一种顺轨干涉 SAR 海洋表面流场的迭代反演算法。该算法通过流场的迭代校正，使得仿真得到的顺轨干涉相位与实际干涉相位相一致，此时的流场即为"最优流场"。该算法不用对轨道速度或 Bragg 相速度等进行精确计算，避免了波浪运动模型本身问题引入的误差。

### 5.3.1　M4S 模型

Romeiser 等开发的海面微波成像仿真模型 M4S，可以用来仿真给定表面流场与风场条件下海洋特征的 SAR 强度图像以及干涉相位图像（包括顺轨干涉、交轨干涉以及混合基线等），其干涉相位中包含了 Bragg 波相速度、大尺度波轨道速度等因素。M4S 模型主要包含两个模块：M4Sw 和 M4Sr。其仿真流程如图 5.4 所示。其中，M4S 是海浪谱计算模块，主要用来计算给定表面流场和风场条件下海面微尺度波的波高谱，其具体算法实现可以参考文献［6］；M4Sr 是雷达图像仿真模块，主要根据生成的海浪谱以及给定的雷达参数、平台参数等计算 SAR 强度图像以及干涉相位图像等，其中顺轨干涉相位的仿真主要是根据在成像延时较小时顺轨干涉 SAR 图像间的相位差可以用成像间隔内海面后向散射场的自相关函数的相位来表示的原理，通过计算海面后向散射场自相关函数来间接计算，其具体算法可以参考文献［7］。Romeriser 等利用该模型仿真了德国 Elbe 河流域的顺轨干涉相位图像，并与 SRTM 获得的 X 波段干涉相位图像进行对比，两者吻合较好，证明了该模型的有效性。

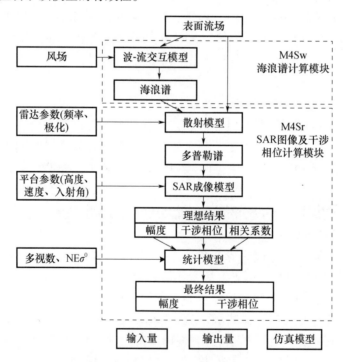

图 5.4　M4S 模型成像仿真流程

### 5.3.2　顺轨干涉 SAR 表面流场迭代反演算法

基于 M4S 模型，Romeriser 等提出了顺轨干涉 SAR 流场迭代反演算法，其流程图可以参考图 5.5，但对其中的流场优化算法并没有介绍。下面我们同样基于 M4S 模型建立顺轨干涉 SAR 流场迭代反演算法，并给出了流场校正的具体算法。

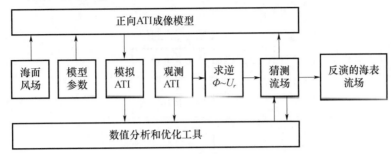

图 5.5　顺轨干涉 SAR 海表流场迭代反演算法框图

利用顺轨干涉 SAR 进行表面流场反演时的初猜流场可以通过顺轨干涉相位图像直接得到，即

$$u^0 = -\frac{\lambda V}{4\pi B \sin\theta}\phi^0 \tag{5.8}$$

式中：$u^0$ 为初猜流场，$\phi^0$ 为实际获得的顺轨干涉相位，$\lambda$ 为雷达波长，$B$ 为有效基线长度（单发双收的双站工作模式下，有效基线为物理基线长度的一半；单站模式下，有效基线与物理基线相等），$V$ 为平台速度，$\theta$ 为入射角。

图 5.6 给出了基于 M4S 模型的顺轨干涉 SAR 表面流场迭代反演算法的流程，具体实现如下。

（1）首先需要对流场校正过程需要的部分参数进行初始化，如图 5.6 所示。其中，$n$ 为迭代次数；$T_1$ 为干涉相位均方根误差阈值。$T_2$ 为干涉相位偏差阈值；$F_{ij}$ 为流场校正标志。

（2）将计算得到的表面流场以及风场、雷达参数、平台参数等输入 M4S 模型中计算顺轨干涉相位图像。

（3）方位向偏移校正。由于流场方位向梯度的存在，部分像素有可能校正到同一个像素单元，而部分像素单元产生"空洞"，这里我们对方位向偏移校正后的干涉相位图像进行了 $3\times3$ 窗口的均值滤波。

（4）将仿真的干涉相位图像与实际干涉相位图像进行对比，如果干涉相位的均方根误差 $rmse^n < T_1$，则停止迭代并认为此时的流场即为"最优流场"；否则，与上次迭代时的均方根误差相比较，如果 $rmse^n > rmse^{n-1}$，则认为迭代已经发散，停止迭代并输出上一次迭代生成的流场；如果 $rmse^n \leqslant rmse^{n-1}$，则认为迭代仍在收敛，跳入步骤（5）。

（5）将仿真的干涉相位图像与实际干涉相位图像进行逐点对比，如果某点的干涉相位偏差 $|J_{ij}^n| < T_1$，则该位置处对应的流场不做校正，记 $F_{ij} = 0$。

（6）流场修正，$u_{ij}^n = u_{ij}^{n-1} + J_{ij}F_{ij}\Delta u$。其中 $\Delta u = 4\pi\alpha B\sin\theta/(\lambda V)$，$\alpha$ 为防止流场校正步长过大引起迭代振荡的比例因子，可以根据迭代次数和精度进行设定，这里取 $\alpha = 0.8$。将修正后的表面流场输入到 M4S 模型中，重新进入步骤（2），进行下一次迭代修正。

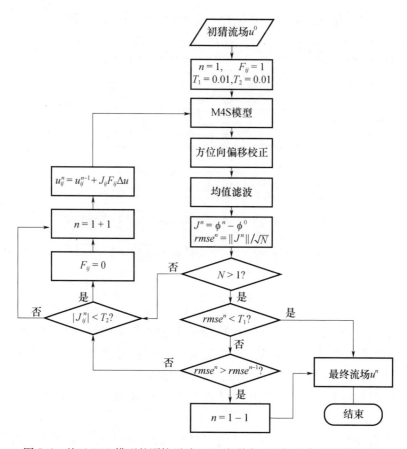

图 5.6　基于 M4S 模型的顺轨干涉 SAR 海洋表面流场迭代反演算法流程

### 5.3.3　算法验证

（1）数据说明

首先我们以基于 SAR 子孔径序列图像配准法[8]获得的二维海洋表面流场作为输入（方位向和距离向采样点数均为 100，空间间隔为 50 m），利用 M4S 模型生成了该流场对应的顺轨干涉相位图像，并将该干涉相位图像作为"真实相位"，然后利用给出的流场迭代反演模型对表面流场进行迭代校正，并与初始流场进行对比，验证算法的可行性。为了获得二维表面流场，这里我们设置了两个相互垂直的飞行方向。飞行方向及流场设置如图 5.7 所示，图 5.8 给出了两个飞行方向获得

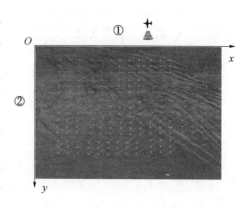

图 5.7　输入流场及飞行方向设置

的顺轨干涉相位图像。表 5.1 给出了仿真的具体参数设置（这里我们采用 JPL AIR-SAR 的 L 波段参数）。

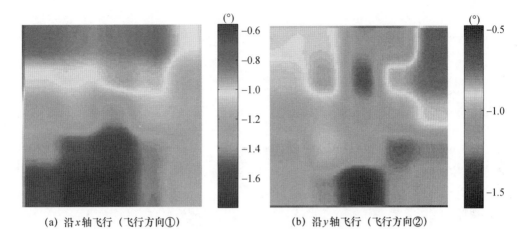

(a) 沿 $x$ 轴飞行（飞行方向①）　　　　　(b) 沿 $y$ 轴飞行（飞行方向②）

图 5.8　利用 M4S 模型生成的初始顺轨干涉相位图像

**表 5.1　仿真参数设置**

| | | |
|---|---|---|
| 雷达参数 | 中心频率 | 1.24 GHz |
| | 极化方式 | VV |
| | 有效基线 | 9.9 m |
| 平台参数 | 平台高度 | 8 800 m |
| | 平台速度 | 200 m/s |
| | 入射角 | 50° |
| 风场 | 风速 | 4 m/s |
| | 风向（与 $x$ 轴夹角） | 120° |

（2）流场反演结果

图 5.9 给出初始流场（"真实流场"）与最终的迭代输出流场（"反演流场"）的对比。图 5.10 给出了反演得到的 $x$ 轴方向流场速度分量、$y$ 轴方向流场速度分量、流场绝对速度以及流场方向与真实值的统计对比情况。从统计对比情况来看，反演流场与真实流场基本一致，两者表面流速的绝对值的 RMSE $<0.03$ m/s，流场方向的 RMSE $<4°$。

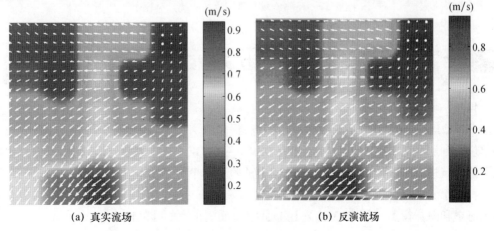

(a) 真实流场　　　　　　　　　　(b) 反演流场

图 5.9　反演流场与真实流场对比

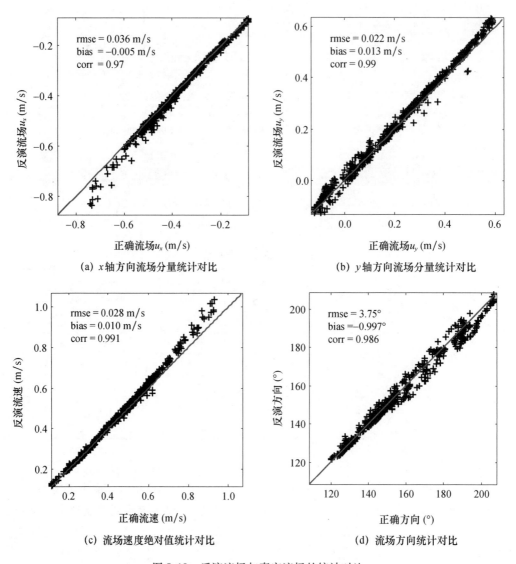

图 5.10　反演流场与真实流场的统计对比

## 5.4　"高分三号"卫星顺轨干涉试验模式首次海流测量试验

　　目前，可用于海流反演的国外星载 SAR 数据都是不公开分发的。为了向我国未来干涉 SAR 海流观测系统设计与数据处理方法提供参考，国家卫星海洋应用中心联合相关单位，利用我国"高分三号"卫星（Gaofen-3，GF-3）顺轨干涉试验模式，首次在北部湾海域进行了国产星载 SAR 海流观测试验。本节详细介绍卫星观测试验情况，给出一种基于 GF-3 卫星 ATI-SAR 数据海流反演数据处理方法，通过与三维非结构有限体积海岸和海洋模型（FVCOM）对比验证海流反演精度的准确性[12]。

### 5.4.1　海流观测试验数据获取情况

#### 5.4.1.1　试验总体情况

海流观测试验由国家卫星海洋应用中心组织与海流反演，北京空间飞行器总体设计部完成 ATI－SAR 试验模式雷达工作参数设置与卫星指令制作、中国科学院空天信息研究院进行雷达回波数据成像处理、中国资源卫星应用中心完成观测计划编排。

试验于 2018 年 4 月 8—27 日在我国北部湾广西壮族自治区北海市附近海域实施，期间进行了 5 次卫星同步观测数据，其中每次获取海面观测时间约 90 s。具体卫星海洋观测时间与观测区域如表 5.2 所示。

表 5.2　"高分三号"卫星海流观测试验时间

| 序号 | 卫星观测时间（UTC 时间） | 观测刈幅中心位置范围 |
|---|---|---|
| 1 | 2018 年 4 月 8 日 22：46：46—22：48：15 | 16.4°N，107.8°E—21.8°N，109.0°E |
| 2 | 2018 年 4 月 10 日 10：44：44—10：46：34 | 21.8°N，108.9°E—15.2°N，110.3°E |
| 3 | 2018 年 4 月 11 日 10：04：12—10：05：42 | 21.3°N，108.9°E—16.0°N，110.4°E |
| 4 | 2018 年 4 月 12 日 11：02：12—11：03：20 | 20.5°N，107.0°E—16.5°N，107.8°E |
| 5 | 2018 年 4 月 27 日 10：42：31—10：43：31 | 22.1°N，108.9°E—19.8°N，109.4°E |

在卫星经过观测海域期间，国家卫星海洋应用中心利用海上试验船，基于海流计进行了海流同步测量。

#### 5.4.1.2　试验总体情况 GF－3 卫星 ATI－SAR 试验模式

GF－3 卫星天线长度为 15 m，ATI－SAR 试验模式工作时，天线分为两个完全相同长度为 7.5 m 的子孔径，形成顺轨方向干涉通道。其工作原理与 TerraSAR－X 卫星双接收天线模式（DoubleReceive Antenna，DRA）相同，即由全孔径发射信号，两个子孔径同时收回波信号。如图 5.11 所示全孔径相位中心在 $a_0$，两个子孔径接收相位中心分别在 $a_1$ 和 $a_2$，$a_1$ 和 $a_2$ 相距 $2B$。子孔径 1 接收的回波信号相位中心在 $a_1$ 和 $a_0$ 连线的中心，子孔径 2 接收的回波信号相位中心在 $a_2$ 和 $a_0$ 连线的中心，子孔径 1 和子孔径 2 接收的信号形成的顺轨方向干涉基线长度 $B=3.75$ m。

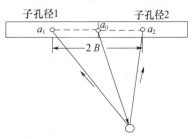

图 5.11　GF－3 卫星 ATI－SAR 模式工作原理示意图

GF－3 卫星 ATI－SAR 试验模式主要系统工作参数如表 5.3 所示。

**表 5.3　GF－3 卫星 ATI－SAR 试验模式主要系统工作参数**

| 雷达系统参数 | 发射信号中心频段（GHz） | 5.4 |
|---|---|---|
| | 平台高度（km） | 755 |
| | 卫星速度（m/s） | 7 200 |
| | 天线长度（m） | 15 |
| | ATI 工作方式 | 全孔径发射，双孔径接收 |
| | 顺轨方向有效基线长度（m） | 3.75 |
| | 发射信号带宽（MHz） | 50、60、100 |
| | 极化方式 | VV、HH |
| | 入射角（°） | 15 ~ 50 |
| | 脉冲重复频率（Hz） | 2 202 ~ 2 606 |
| | NESZ（dB） | －20 |

两个子孔径数据干涉相位可表示为

$$\Delta\phi = \frac{4\pi v_r B}{\lambda v_s} \tag{5.9}$$

式中：$\Delta\phi$ 为顺轨干涉相位、$\lambda$ 为雷达工作波长、$B$ 为基线长度、$v_s$ 为平台速度、$v_r$ 为海表雷达视线方向速度。根据表 5.4 系统工作参数计算得到当干涉相位在（$-\pi$，$\pi$]范围时，可以测量的无模糊的海表速度范围为 $-28.57 \sim +28.57$ m/s。

### 5.4.1.3　卫星观测数据成像处理

卫星获取的 0 级雷达回波数据由 GF－3 卫星成像处理器进行成像处理，成像参数按照 ATI－SAR 试验模式工作参数进行了相应修改，成像算法为 Chirp Scaling 算法。处理生成的产品包括单视复图像（SLC）、快视图以及辅助数据文件。卫星观测数据共处理生成包含海洋场景的两个子孔径 SLC 图像对 48 对，数据量为 192 GB。图像主要参数如表 5.4 所示

**表 5.4　ATI－SAR 试验模式 SLC 图像主要参数**

| 图像参数 | 量化位数（bit） | | 16 |
|---|---|---|---|
| | 图像大小（像元） | 方位 | 20 000 |
| | | 距离 | 24 000 |
| | 标称空间分辨率（m） | 方位 | 5 |
| | | 距离 | 5 |
| | 像元尺寸（m） | 方位 | 3.20 |
| | | 距离 | 1.12 |
| | 图像范围（km） | 方位 | 50 |
| | | 距离 | 60 |

### 5.4.2　数据预处理

数据预处理将 SLC 图像对处理生成可用于海流反演的干涉相位图，以及对外部输入风场数据进行预处理。针对 GF–3 卫星 ATI–SAR 试验模式数据，具体的预处理流程如图 5.12 所示。

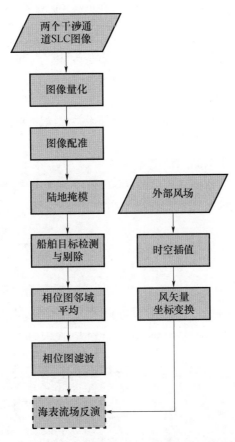

图 5.12　GF–3 卫星海表流场反演数据预处理流程

（1）图像量化

采用辅助说明文件中提供的两个通道数据量化值，依照式（5.10）对图像数据进行量化。

$$s = DN_i/32\ 767 \cdot QV + j \cdot DN_q/32\ 767 \cdot QV \qquad (5.10)$$

式中：$s$ 表示单通道的数据，$DN_i$、$DN_q$ 分别表示该通道 I、Q 两路数据，QV 为该通道数据量化值，$j$ 为虚数单位。

（2）陆地掩膜

对于包含陆地场景的图像，采用全球陆地岸线数据库对包含陆地场景进行掩模。

（3）图像配准与干涉相位图生成

从图 5.12 中可以看出，后端与前端子孔径等效相位中心在方位向相差 $\Delta d$ 空间距离，在干涉生成相位图前，需要对两个子孔径的数据进行配准。具体方法是：先将后端

115

子孔径方位向数据变换多普勒域，乘以一个与空间距离有关的线性相位后，再进行逆傅里叶变换将数据转换到时域，即

$$s_{ar} = IFFT \left[ FFT(s_a) \cdot \exp\left( -j \cdot 2\pi \cdot f_d \cdot \frac{\Delta d}{v_s} \right) \right] \tag{5.11}$$

式中：$s_a$ 为后端子孔径数据，$s_{ar}$ 为配准后的数据，$j$ 为虚数单位，$f_d$ 为多普勒频率，$\Delta d$ 为同一个脉冲两个通道方位向距离，$v_s$ 为卫星速度，$FFT$ 为傅里叶变换操作，$IFFT$ 为逆傅里叶变换操作。

配准前海面场景 SLC 图像对的相干系数为 0.6 ~ 0.7，经过配准后的相干系数达到 0.92 ~ 0.97。配准后的数据共轭相乘得到干涉相位图。

（4）船舶目标检测与剔除

海面场景的图像中通常包含运动船舶，船舶运动引起的附加相位远大于海流引起的相位变化，需要在海流反演前剔除。

海面船舶目标检测采用双参数恒虚警（2P – CFAR）算法。由于采用滑动窗的方法检测耗时较长，不适合实测数据处理。实际采用的方法是，在海面图像明亮均匀的区域中选择 1 000 × 1 000 像元的子图像估计海面杂波的均值和标准差，然后依据下式检测判断海面船舶目标

$$\frac{x - \text{mean}(x)}{\text{std}(x)} \geq T \tag{5.12}$$

式中：$\text{mean}(\cdot)$ 表示估计的均值，$\text{std}(\cdot)$ 表示估计的标准差。满足上式判为目标，否则判为杂波。根据对检测效果进行目视解译分析，GF – 3 卫星图像采用阈值 $T = 5 \sim 5.5$ 效果较好。如图 5.13 所示，根据船舶目标检测结果，将相位图中船舶目标相应位置的相位置零。

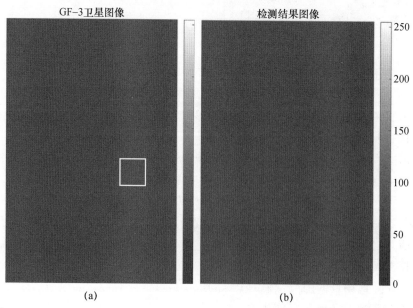

图 5.13　2018 年 4 月 10 日 GF – 3 卫星 ATI – SAR 试验模式图像船舶检测结果

（a）经过距离/方位 16 视处理后的快视图（红色区域为选择的海面背景区）（b）检测并剔除船舶目标后的图像

（5）陆地掩膜固有干涉相位误差去除

生成的干涉相位图中仍然包含的卫星平台姿态、通道间误差等引起的相位误差，需要在海流反演之前去除。由于卫星观测的数据中都包含陆地场景，可以利用静止的陆地场景图像估计固有相位误差。

对于包含陆地场景的图像，选择（2 000×2 000 像元）地势平坦的区域为子图像，采用上文所述的图像配准方法对子图像对进行配准、干涉后，对干涉相位进行平均得到估计的固有相位误差，然后在海面场景干涉相位图中减去估计的固有相位误差。对于只包含海洋场景的图像，可以利用同一次观测数据中其他包含陆地场景图像的估计结果，对固有相位误差进行去除。

（6）相位图邻域平均

由于海域的流速较小，相应的干涉相位也较小，难以直接从包含较高噪声水平的相位图中提取流速信息，需要对相位图进行邻域平均处理以提高信噪比和相位灵敏度。本文对相位图进行（400×400 像元）邻域平均处理，处理后的相位图空间分辨率为 1 km。

（7）相位图滤波

采用 5×5 滤波窗口的圆周期均值滤波进一步滤除相位噪声。

$$I(x,y) = \frac{1}{N^2} \sum_{x-(N-1)/2}^{x+(N-1)/2} \sum_{y-(N-1)/2}^{y+(N-1)/2} G(i,j) \tag{5.13}$$

（8）外部风场数据预处理

海流反演需要输入外部风场数据。本文采用欧洲中期天气预报中心的（European Centre for Medium Weather Forecasts，ECMWF）的风场数据作为外部输入风场。ECMWF 风场数据用于海表流场反演还需经过如下处理：

● 时空插值

ECMWF 风场数据时间分辨率是 6 h，空间分辨率为 0.125 °（约 12.5 km），通过时空插值，处理成 1 km 分辨率并且与卫星观测时间相差 0.5 h 以内的风矢量数据。

● 风场矢量旋转与坐标转换

ECMWF 风向定义为风吹来方向与正北方向顺时针夹角，而海流反演采用的是图像坐标系，如图 5.14 中所示，$X$、$Y$ 为图像坐标系坐标轴，原点（0，0）为图像左下角。

由于根据卫星轨道（升/降轨）、雷达视向（左/右侧视）的不同，导致数据记录顺序的不同，只经过成像处理的 SLC 图像坐标系与地理坐标系对应关系也不相同。Radarsat-2 卫星 SLC 产品对成像处理后的图像进行了翻转处理，使其与地理参考坐标系一致，而 GF-3 卫星 SLC 产品未做翻转处理，因此需要根据轨道和雷达视向对 ECMWF 风场进行坐标变换。

图 5.14 中为卫星右侧视条件下，升/降轨 SLC 图像坐标系与地理坐标系的关系，空

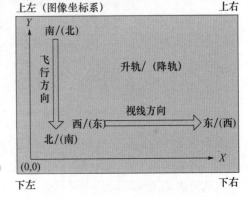

图 5.14　GF-3 卫星右侧视升/降轨 SLC 图像几何关系

心箭头方向为实际卫星飞行方向、雷达视线方向与地理坐标系关系，左侧视条件下，雷达视线方向与地理坐标系关系与图中相反。

此外，由于 GF－3 卫星轨道倾角为约为 98°，即图像坐标系与输入风矢量采用的地理坐标系存在正负约 8.4° 的夹角，需要将输入的风矢量经过坐标系旋转处理，得到图像坐标系中的风矢量。

$$wind\_x = wind\_v \cdot \cos(\theta) + wind\_u \cdot \sin(\theta) \tag{5.14}$$

$$wind\_y = wind\_u \cdot \cos(\theta) - wind\_v \cdot \sin(\theta) \tag{5.15}$$

式中：$wind\_u$、$wind\_v$ 分别表示 ECMWF 风矢量；$wind\_x$、$wind\_y$ 分别为经过坐标系旋转后得到的图像坐标系风矢量；$\theta$ 为卫星轨道倾角与地理坐标系的夹角，升轨正，降轨为负。

### 5.4.3 海表流场反演

采用 5.3 节介绍的基于 M4S 仿真软件的流场反演方法进行流场反演。

#### 5.4.3.1 反演算例

图 5.15 为 2018 年 4 月 8 日卫星快视图，图中标红区域为用于估计固定相位的陆地区域。图 5.16（a）至图 5.16（d）分别为配准后的干涉相位图、邻域平均和相位滤波后的相位图、计算的初猜流场以及反演的流场。

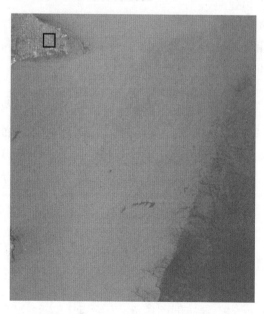

图 5.15　2018 年 4 月 8 日 GF－3 卫星 ATI－SAR 试验模式快视图像

表 5.5 为图像信息、数据预处理信息以及海表流场反演信息。该图像经过 5 次迭代反演后，算法收敛。海流反演的过程，是逐步从相位图中逐步去除海面风引起的相位的过程。从海表流场反演信息中可以看出，随着迭代次数增加，用迭代中间流场作为输入仿真的相位图与图像数据干涉形成的初猜流场更加接近，因此随着相干系数逐步增加，均方根相位差逐步减小，表明了反演算法的有效性。

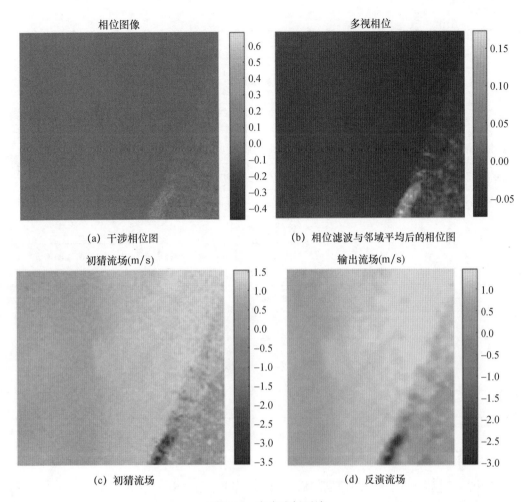

图 5.16 海表流场反演

表 5.5 处理信息及结果

| 图像基本信息 | | | | |
|---|---|---|---|---|
| 卫星观测时间（UTC） | 2018 - 04 - 08 22：46：54 | | 图像中心位置 | 21.3°N, 108.9°E |
| | | | 波位号 | 164 |
| 轨道 | 升轨 | | 视向 | 右侧视 |
| 图像尺寸<br>（像元） | 宽 | 20 884 | 中心入射角 | 25.804 829 5 |
| | 长 | 23 918 | | |
| 卫星参考距离（m） | 827 551.013 852 | | 卫星速度（m/s） | 7 571.254 434 |
| 数据预处理信息 | | | | |
| 量化值 | 后端通道 | 123.944 016 | 方位向配准系数 $\Delta d$<br>（像元） | 1.269 039 |
| | 前端通道 | 107.504 768 | | |

续表

| 图像配准 | 配准前相干系数 | 0.691 2 |
|---|---|---|
| | 配准后相干系数 | 0.970 5 |
| ECMWF 风矢量（m/s） | $U = -1.884\ 4,\ V = 2.781\ 2$ | |
| 输入风矢量（m/s） | $Y = 2.283\ 4,\ X = 2.464\ 2$ | |
| 检测船舶目标数（像元） | 1 292 | |
| 固定相位误差估计（弧度） | 0.072 3（对应径向速度 −1.481 1 m/s） | |
| 相位图邻域平均数 | 400 × 400（方位 × 距离） | |

海表流场反演信息

| 迭代次数 | 迭代流场与初猜流场相干系数 | 迭代流场与初猜流场均方根相位差（弧度） | 反演流场均值（m/s） |
|---|---|---|---|
| 1 | 0.981 1 | 0.316 2 | |
| 2 | 0.997 1 | 0.113 2 | |
| 3 | 0.999 2 | 0.051 0 | |
| 4 | 0.999 4 | 0.043 3 | |
| 5 | 0.999 6 | 0.037 9 | 0.297 6 |

### 5.4.4 数据结果分析

对方位模糊影响严重的图像剔除后，对共计 33 景卫星观测数据反演结果与 FOV 仿真流场用于海流反演精度比对。FVCOM 模型是由美国马萨诸塞大学和伍兹霍尔海洋研究所联合开发，水平方向采用非结构化三角形网格，垂直方向采用坐标变换，数值方法采用有限体积法。对比表明反演精度优于 0.2 m/s。在数据处理过程中，我们认为还可以从以下方面对反演算法进行改进：

1）采用的 ECMWF 风场数据在时间与空间分辨率上与卫星图像不匹配，我们认为，基于 SAR 图像反演的风场最适于作为输入风场。由于 GF - 3 卫星 ATI - SAR 模式是试验模式，数据没有经过辐射定标，无法用于风场反演，后续将进一步研究基于 SAR 数据反演的风场作为输入风场对反演精度的影响。

2）在无陆地场景条件下，如何消除固定相位误差的影响，对于卫星数据用于业务化海流提取有着重要影响，也是后续需要重点研究的问题。

## 5.5 顺轨干涉 SAR 流场反演的影响因素分析

风场是海面上层运动的主要动力来源，与海洋中几乎所有的海水运动直接相关。风场数据最直接的获取方式来源于同步观测试验，其准确性通常最高。在没有同步试验的情况下，风场数据也可以通过星载散射计或 SAR 风场反演的方式来获得。目前应用最为广泛的是 QuikSCAT 所携带的风散射计 SeaWinds 提供的全球风场数据（2009 年 11 月，由于机械故障，QuikSCAT 已经停止观测。目前风散射计数据可以从欧空局 MetOp 卫星上的 ASCAT 获得）。在通常情况下，散射计获得的风速在 2 ~ 24 m/s 的区间内反演精度较高，过高和过低的风速条件下反演精度都较低。在开阔大洋处，QuikSCAT 获得的风速与浮标实测结果的 RMSE 约为 1.01 m/s，风向的 RMSE 约为 23°；在近海，由于受陆地回波以及复杂的海气交互环境的影响，使得 QuikSCAT 反演得到的风场精度较差[9]。利用 SAR 图像也可以对风场信息进行反演。目前 SAR 风场反演常用的算法，如 CMOD4、CMOD – IFR2 和 CMOD5 等，主要是从 C 波段 VV 极化散射计风场反演算法发展而来的，其风速反演精度与风向有关。SAR 风场反演时常用做法是由外部数据提供风向，如气象预报模型或者浮标实测数据（通过 SAR 图像的"风条纹"信息也可以得到风向信息，但该方法在"风条纹"不明显或存在其他海洋线性特征时会存在较大误差）。Vachon 和 Wolfe[10] 提出一种利用 C 波段交叉极化 SAR 数据进行风速反演的方法，该方法不受入射角以及风向的限制。目前，SAR 风速反演的精度可以达到优于 2m/s。

从图 5.4 中可以看出，风场参数是 M4S 模型的一个重要输入量，其直接决定到海面波浪能量的分布情况。而从上面分析可知，由散射计或 SAR 等传感器提供的风场数据都或多或少存在误差。风场误差会在多大程度上对顺轨干涉 SAR 表面流场迭代反演结果产生影响，目前还没有相关的研究报道。下面我们通过仿真实验分析风场误差对流场迭代反演的影响。

### 5.5.1　参考流场设置

我们利用一个孤立波流场作为参考，通过 M4S 模型计算其顺轨干涉相位，然后代入图 5.4 给出的迭代反演模型对表面流场进行反演。孤立波流场的表达式为

$$u = u_0 \mathrm{sech}^2(2x/\lambda) + \Delta u \tag{5.16}$$

式中：$u_0$ 为孤立波流场的振幅，$\lambda$ 为半振幅宽度，$\Delta u$ 为背景流场的流速。本文分别设置了 $\lambda = 400$ m 和 $\lambda = 800$ m 两种流场情况，其他参数设置为 $u_0 = 0.3$ m/s，$\Delta u = 0.05$ m/s。两种情况下获得的流场如图 5.17 所示。

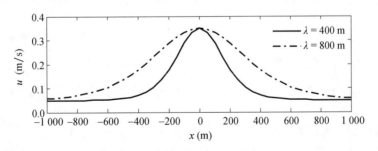

图 5.17　孤立波流的速度剖面

下面分别从不同风向、不同流场梯度两种方面进行分析。雷达参数和平台参数如表 5.1 所示，这里不再列出。风场误差分别考虑了估计偏低和估计偏高两类情况，其中

风速误差分别设置了 ±0.5 m/s、±1.0 m/s、±1.5 m/s、±2.0 m/s 和 ±2.5 m/s 等 10 种情况，风向误差设置了 ±5°、±10°、±15°、±20°和 ±25°等 10 种情况。

### 5.5.2 不同风向情况下，风场误差对流场代反演的影响

（1）顺风情况

图 5.18 给出了顺风时（风向与雷达视向的夹角为 0°），不同风速误差和风向误差对流场反演精度的影响。流场的半振幅宽度 $\lambda = 400$ m。这里我们分别设定了 4 m/s、8 m/s 和 12 m/s 3 种风速，分别代表低、中、高风速情况。

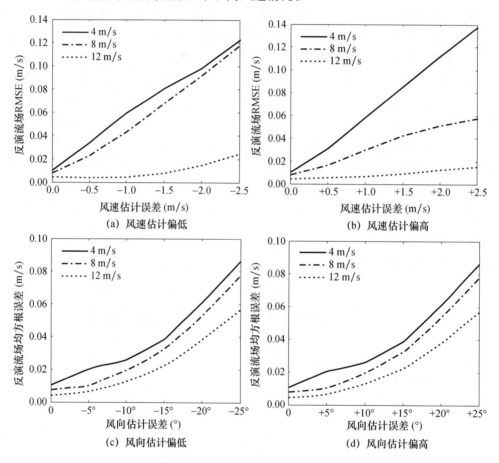

图 5.18　顺风情况下，风场误差对流场迭代反演的影响

图 5.18（a）和图 5.18（b）分别给出了风速估计偏低和估计偏高情况下的仿真结果。从图中可以看出：

a）随着风速估计误差的增大，反演流场的 RMSE 也会逐渐增大；

b）风速越低，风速误差对流场反演结果的影响越严重；高风速情况下，风速误差对流场反演结果的影响可以忽略；

c）对于中、高等风速，风速估计偏低时的影响要比风速偏低时的影响大。

图 5.18（c）和图 5.18（d）分别给出了风向估计偏低和估计偏高情况下的仿真结

果。从图中可以看出：

a）随着风向估计误差的增大，反演流场的 RMSE 也逐渐增大；

b）风速越低，风向误差对流场反演结果的影响越严重。

因为该仿真实验设置的是顺风向，此时风向估计偏高和估计偏低两种情况关于雷达视向是对称的，所以从图中可以发现，两种情况对流场反演的影响是一样的。

（2）侧风情况

图 5.19 给出了侧风时（这里我们假设风向与雷达视向间的夹角为 90°），不同风速误差和风向误差对流场反演精度的影响。流场的半振幅宽度 $\lambda = 400$ m。

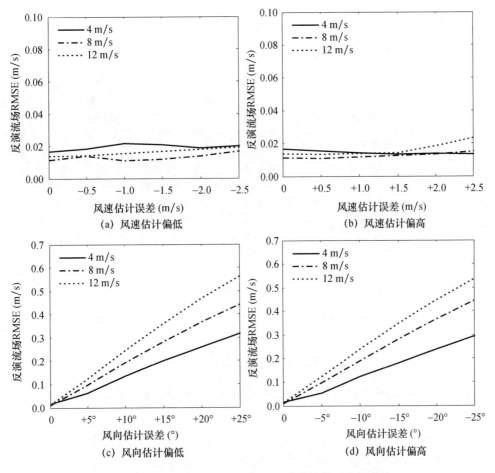

图 5.19  侧风情况下，风场误差对流场迭代反演的影响

图 5.19（a）和图 5.19（b）分别给出了风速估计偏低和风速估计偏高情况下的仿真结果。从图中可以看出：在侧风情况下，风速估计误差对流速反演结果的影响不大。

图 5.19（c）和图 5.19（d）分别给出了风向估计偏低和风向估计偏高情况下的仿真结果。从图中可以看出：

a）随着风向估计误差的增大，反演流场的 RMSE 也逐渐增大；

b）风速越高，风向误差对流场反演结果的影响越严重，且风向估计偏高和偏低两种情况对流场反演影响的差异不明显。

（3）逆风情况

图 5.20 给出了逆风时（风向与雷达视向间的夹角为 180°），不同风速误差和风向误差对流场反演精度的影响。流场的半振幅宽度 $\lambda = 400\ \mathrm{m}$。

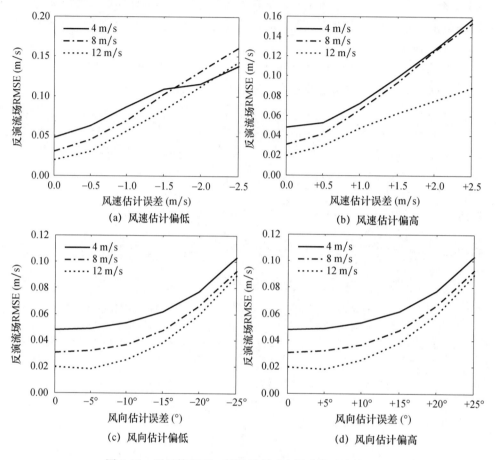

图 5.20　逆风情况下，风场误差对流场迭代反演的影响

图 5.20（a）和图 5.20（b）分别给出了风速估计偏低和风速估计偏高情况下的仿真结果。从图中可以看出：

a）与顺风情况类似，随着风速误差的增大，流场迭代反演的 RMSE 也逐渐增大且风速越低，风速误差对流场反演结果的影响越严重［从图 5.20（a）中可以看出，当风速误差为 2 m/s 左右时，低风速情况对流场反演的影响要比中等风速条件下小，这一结果可能是由于小风速条件下 M4S 中海浪谱模型精度问题引起的，因为在此风速误差下，输入的风速实际为 2 m/s］；

b）与顺风情况不同的是，逆风时高风速对流场迭代反演的影响也非常大。

图 5.20（c）和图 5.20（d）分别给出了风向估计偏低和估计偏高的仿真结果。从仿真结果来看，其结论与顺风情况基本一致：随着风向估计误差的增大，反演流场的 RMSE 也逐渐增大；风速越低，风向误差对流场反演结果的影响越严重。

综合顺风、逆风和侧风 3 种情况，我们可以得到如下结论。

（a）在顺风和逆风情况下，随着风速误差的增大，流场迭代反演的 RMSE 也会逐渐增大，且风速越低，风速误差对流场迭代反演的影响越大；在侧风情况下，风速误差对流场迭代反演的影响不大；

（b）风向误差会严重影响流场迭代反演的 RMSE，风向误差越大，流场迭代反演的 RMSE 越大，且这种影响与顺风、逆风和侧风无关，只是在顺风和逆风时，低风速对流场迭代反演的影响较大，而在侧风时，高风速对流场迭代反演的影响较大。

### 5.5.3　不同流场情况下，风场误差对流场代反演的影响

下面我们以不同半振幅波长的孤立波流为例，分析不同流场情况下，风场误差对流场迭代反演的影响。这里我们以中等风速（风速 8 m/s）、顺风条件，不同风速和风向误差下流场最终迭代收敛时的 RMSE 作为对比，孤立波流的半振幅波长 $\lambda = 400$ m 和 $\lambda = 800$ m，雷达参数与平台参数与上节相同，仿真结果如图 5.21 所示。

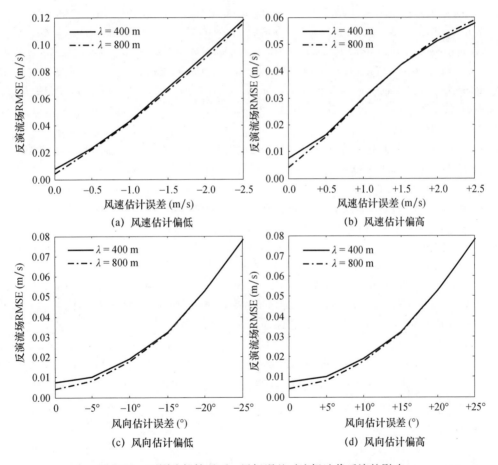

图 5.21　不同流场情况下，风场误差对流场迭代反演的影响

从图 5.21 给出的仿真结果来看，风场误差对流场迭代的影响与流场的分布无关。

# 参考文献

［1］ Thompson D Rand Jensen J R. *Synthetic Aperture Radar Interferometry Applied to Ship - Generated Internal Waves in the* 1989 *Loch Linnhe Experiment.* Journal of Geophysical Research Oceans, 1993, 98（C6）: 10259 – 10269.

［2］ Zitova B and Flusser J. *Image Registration Methods*: *A Survey.* Image and Vision Computing, 2003, 21（11）: 977 – 1000.

［3］ Lin Q and Vesecky J F. *New Approaches in Interferometric SAR Data Processing.* IEEE Transactions on Geoscience and Remote Sensing, 1992, 30（3）: 560 – 567.

［4］ Gabriel A K and Goldstein R M. *Crossed Orbit Interferometry*: *Theory and Experimental Results from SIR - B.* International Journal of Remote Sensing, 1988, 9（5）: 857 – 872.

［5］ Moller D Frasier S J and Porter D L. *Radar - Derived Interferometric Surface Currents and Their Relationship to Subsurface Current Structure.* Journal of Geophysical Research Oceans, 1998, 103（C6）: 12839 – 12852.

［6］ Romeiser R and Alpers W. *An Improved Composite Surface Model for the Radar Backscattering Cross Section of the Ocean Surface 2. Model Response to Surface Roughness Variations and the Radar Imaging of Underwater Bottom Topography.* Journal of Geophysical Research Oceans, 1997, 102（C11）: 25251 – 25267.

［7］ Romeiser R and Thompson D R. *Numerical Study on the Along - Track Interferometric Radar Imaging Mechanism of Oceanic Surface Currents.* IEEE Transactions on Geoscience and Remote Sensing, 2000, 38（1）: 446 – 485.

［8］ 孙海青, 王小青, 种劲松. 基于 SAR 子孔径序列图像配准的海洋动态信息获取. 电子与信息学报, 2012（01）: 183 – 190.

［9］ Yang X, Li X, Zheng Q, et al. *Comparison of Ocean - Surface Winds Retrieved from QuikSCAT Scatterometer and Radarsat - 1 SAR in Offshore Waters of the U. S.* West Coast. IEEE Geoscience and Remote Sensing Letters, 2010, 8（1）: 163 – 167.

［10］ Vachon P W and Wolfe J. *C - band Cross - Polarization Wind Speed Retrieval.* IEEE Geoscience and Remote Sensing Letters, 2011, 8（3）: 456 – 459.

［11］ Romeiser R, Runge H, Suchandt S, et al. Quality Assessment of Surface Current Fields From Terra-SAR - X and TanDEM - X Along - Track Interferometry and Doppler Centroid Analysis［J］. IEEE Transactions on Geoscience and Remote Sensing, 2013, 51.

［12］ Xinzhe Yuan, Mingsen Lin, Bing Han, Liangbo Zhao, Wenyu Wang, Jili Sun, and Weili Wang, 2021, Observing Sea Surface Current by Gaofen - 3 Satellite Along - Track Interferometric SAR Experimental Mode, IEEE JOURNAL OF SELECTED TOPICS IN APPLIED EARTH OBSERVATIONS AND REMOTE SENSING, VOL. 14, 2021.